Die Dampfturbine und ihr Betrieb

an Land und auf Schiffen

In Wesen, Aufbau und Behandlung
gemeinverständlich dargestellt
für Maschinisten, Schiffsingenieure und andre Praktiker

von

Siegfried Bock

Mit 65 Abbildungen

BERLIN W. 10.
Verlag von M. Krayn
1920.

Druck von H. Laupp jr in Tübingen.

Vorwort.

Das vorliegende Buch wendet sich an den Schiffsingenieur, Maschinisten und andere Praktiker mit einfachen mathematischen Vorkenntnissen. Unter diesem Gesichtspunkte sind die Formeln aufgestellt, für die der Anspruch auf absolute Genauigkeit nicht erhoben wird. Sie sollen dem Leser auf möglichst einfache Weise die notwendigen Einblicke in das Wesen der Dampfturbine verschaffen. Die einzelnen Abschnitte sind in gemeinverständlicher Weise abgefaßt und größtenteils wie im Schulunterricht möglichst eingehend behandelt, damit denjenigen das Verständnis erleichtert wird, welche die Praxis mit dieser Maschine wenig oder gar nicht in Berührung brachte. Auch soll das Buch solchen Maschinisten und Schiffsingenieuren eingehendere Aufklärung bringen, denen bei ihrer Ausbildung auf Fachschulen die Turbine nur kurz oder überhaupt nicht vorgeführt wurde. Auf ihre Behandlung ist besonders Wert gelegt.

Kiel, im Juli 1919.

Siegfried Bock.

Inhaltsverzeichnis.

I. Teil.

Die Wirkungsweisen der Turbinen.

I. Abschnitt.

II. Abschnitt.

III. Abschnitt.

Die Aktionsturbine.

Seite

IV. Abschnitt.

Die Reaktionsturbine.

II. Teil.

Der Aufbau der Reaktionsturbinen von Parsons und Ljungström.

V. Abschnitt

Die Parsonsturbine für Schiffsantrieb. Anordnung und Schaltung.

VI. Abschnitt.

Die Parsons-Schiffsturbine.

VII. Abschnitt.

Die stationäre Parsonsturbine.

VIII Abschnitt

Die Ljungström- oder Stalturbine.

Seite

III. Teil.

Aufbau der Aktionsturbinen.

IX. Abschnitt.

Die A.E.G.-Curtisturbine.

X. Abschnitt.

Andre Aktionsturbinen.

IV. Teil.

XI. Abschnitt.

Gemischte Turbinensysteme.

V. Teil.

Neue Lösungen des Schiffsturbinenproblems.

XII. Abschnitt.

Das kombinierte Maschinensystem.

XIII. Abschnitt.

Indirekter Turbinenantrieb. Messung der Turbinenleistung.

I. Teil.

Die Wirkungsweisen der Turbinen.

I. Abschnitt.

§ 1.

Einleitung.

In der Kolbenmaschine wird die dem Dampf innewohnende Spannungsenergie (potentielle Energie) dadurch ausgenutzt, daß durch sie ein Kolben in hin- und hergehende Bewegung versetzt wird. Die auf diese Weise erzeugte mechanische Arbeit muß durch einen Kurbelmechanismus auf die Welle übertragen werden, um die geradlinige Bewegung des Kolbens in eine rotierende zu verwandeln, wie sie das Schiffsantriebsmittel (Schraube oder Schaufelrad), der Dynamo, die Zentrifuge usw. verlangt. Es liegt nahe, die Zwischenschaltung des Kurbelmechanismus zu beseitigen, weil er eine gewisse, vom Kolben zu leistende Arbeit verschlingt und einen verwickelten Aufbau der Maschine zur Folge hat; dasselbe bezieht sich auch auf die Steuerung der Dampfverteilungsorgane. Die Absicht geht dahin, den Dampf drehend direkt auf die Welle wirken zu lassen unter Benutzung von Hebelkraft. Versuche, die Spannkraft zu diesem Zwecke zu verwenden, haben wohl einige Konstruktionen gezeitigt, doch war ihnen ein praktischer Erfolg nicht beschieden. Erst durch die dem Dampf innewohnende Strömungsenergie (kinetische Energie) ist das Ziel erreicht und ein Maschinentyp geschaffen worden, welcher durch viele ihm eigene Vorzüge die Kolbenmaschine schon aus vielen Verwendungsgebieten verdrängt hat und immer mehr an Boden gewinnt. Diese Maschine ist die Turbine.

Die Strömungsenergie des Dampfes wird aus der Expansivkraft (dem Ausdehnungsvermögen) desselben gewonnen, d. h. durch Entspannung wird dem Dampf Geschwindigkeit erteilt. Während in der Kolbenmaschine die dem Dampf schon bei seiner Entstehung im Kessel mitgeteilte Spann- und Expansivkraft zur Arbeitsleistung herangezogen wird, muß für die Turbine das Arbeitsmittel (Strömungsenergie) erst durch die Expansivkraft erzeugt werden, und zwar geschieht das in der Maschine selbst.

§ 2.

Die Expansion des Dampfes.

a) Die Isotherme.

Die Kolbenmaschine ist fast allgemein eine Wechselstrommaschine, d. h. der durch einen Kanal am Ende des Zylinders eintretende Arbeitsdampf muß auf demselben Wege in umgekehrter Richtung wieder hinaus. Zylinderwandung, Deckel und Kanäle kommen daher mit Dampf von fortwährend sich ändernder Spannung, also auch Temperatur in Berührung, wodurch die Expansion beeinflußt wird. Dieselbe vollzieht sich bei Verwendung gesättigten Dampfes in einer Weise, wie sie durch die Mariottesche Linie oder Isotherme dargestellt wird.

In der Technik veranschaulicht man Rauminhalte und Drucke durch Linien, Arbeitsleistungen durch Flächen. In Abb. 1. entspricht die horizontale Gerade AB der Hublänge des Zylinders und gleichzeitig dem Rauminhalte, in welchem der Dampf

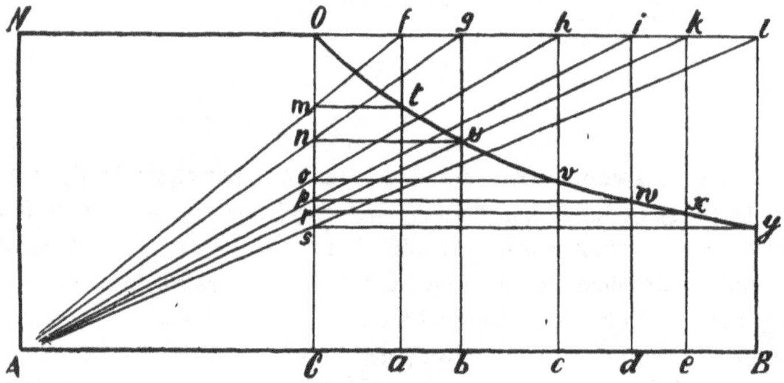

Abb. 1. Die Isotherme.

zur Arbeit gelangt. C sei der Fullungsendpunkt, AC also die Füllung des Zylinders, die im angenommenen Falle 40 % oder $^2/_5$ des Zylinderinhaltes betragen möge. AC ist demnach die Dampfmenge, welche bis zum Kolbentodpunkt Expansionsarbeit verrichtet. Dampfdrucke stellt man durch Linien dar, welche senkrecht zur Rauminhaltslinie AB stehen (Ordinaten). AN ist der Druck des in den Zylinder strömenden Dampfes, der bei Zuführung direkten Kesseldampfes im Fullungsendpunkt C, also beim Schieberschluß, theoretisch dieselbe Spannung wie in A besitzt. Es wird somit AN = CO. Durch die Verbindung von N mit O, welche parallel zu AB verläuft, da der Druck gleich bleibt, entsteht die Fläche ACNO, durch welche die von A bis C durch den Dampf geleistete Arbeit dargestellt wird. Infolge der von C ab bis B erfolgenden Expansion wird der Druck ständig abnehmen und damit auch die Länge der Ordinaten. Sie werden in beliebig gewählten Punkten der Strecke CB, z. B. in a, b, c, d, e und B errichtet. Die Länge dieser Linien von der Nullinie AB aus zu ermitteln, ist Aufgabe der Konstruktion der erwähnten Isotherme.

Die Füllungslinie NO, welche, wie schon ausgeführt, parallel zur Nullinie AB verläuft, wird über O verlängert und die in a, b, c, d, e und B errichteten Ordinaten bis zu dieser Verlängerung durchgezogen, also bis f, g, h, i, k und l. Diese Punkte verbindet man sämtlich mit dem Füllungsanfangspunkt A. Die Geraden schneiden die im Füllungspunkt C errichtete Ordinate CO in m, n, o, p, r und s. Von diesen Punkten werden Parallele zu AB bis zu ihren zugehörigen Ordinaten gezogen, welche sie in t, u, v, w, x und y treffen. a t ist jetzt der bei Kolbenstellung a im Zylinder herrschende Druck, b u der in b herrschende usw. und B y der in B vorhandene, d. h. bei Ankunft des Kolbens in Todpunktlage, wenn der Dampf auf den ganzen Zylinderinhalt expandiert ist. Von C nach a ist der Druck um das Stück f t gesunken, in b um den Betrag g u usw. Die Verbindung der Druckpunkte O, t, u, v, w, x und y durch eine Kurve stellt nun die besagte Isotherme dar, welche den Druckabfall infolge der Expansion des Dampfes veranschaulicht. Von A bis C leistete der Kolben eine Arbeit, die durch Fläche ACON dargestellt ist. Vergleicht man damit die Leistung, welche er auf dem etwa gleichen Wege von C bis d vollbrachte, so ergibt sich, daß sie infolge der Expansion sich um das Flächenstück O i w verringert hat.

Ein Vergleich der Spannungen während der Expansion mit den Entfernungen der Ordinaten vom Füllungsbeginn A, d. h. mit den zugehörigen Zylindervolumina, läßt erkennen, daß dazwischen ganz bestimmte Beziehungen bestehen. Dieselben sind im Gay-Lussac-Mariotteschen Gesetz vereinigt. Es besagt, daß die Spannungen in umgekehrtem Verhältnis zu den Rauminhalten stehen.

Auf Abb. 1 bezogen bedeutet das:

$$\frac{Aa}{Ac} = \frac{cv}{at} \text{ oder}$$

Der Zylinderrauminhalt bei Kolbenstellung a (A bis a) verhält sich zu dem bei Stellung c (A bis c) wie der in letzter Stellung herrschende Druck c v zu dem in Kolbenstellung a vorhandenen Druck a t. Rauminhalte werden allgemein mit v, v_1, v_2 usw., Spannungen mit p, p_1, p_2 usw. bezeichnet. Setzt man

$$Aa = v$$
$$Ac = v_1$$
$$a\,t = p$$
$$c\,v = p_1$$

so lautet das Gesetz:

$$\frac{v}{v_1} = \frac{p_1}{p}$$

AC ist in Abb. 1 das mit Frischdampf gefüllte Zylindervolumen, welches auf den ganzen Zylinderinhalt expandiert. Wird der Druck AN = p zu 10 kg pro qcm, die Füllung AC zu 40 % angenommen, dann expandiert der Dampf auf das 2½fache Volumen AB. AC ist in diesem Falle = v, AB = v_1 = 2½ v und AN = CO = p = 10 kg. B y = p_1 wird gesucht.

$$\frac{v}{v_1} = \frac{p_1}{p}$$

$$\frac{1}{2\frac{1}{2}} = \frac{p_1}{10}, \text{ daraus}$$

$$p_1 = \frac{10 \cdot 1}{2\frac{1}{2}} = 4 \text{ kg pro qcm.}$$

So läßt sich für jede Kolbenstellung der während der Expansion auf dem Kolben lastende Druck errechnen.

b) Die Adiabate.

Die Expansionsverhältnisse sind in der Kolbenmaschine andre als in der Turbine, wenn gesättigter Dampf zur Verwendung kommt. Infolge der Eigenschaft der ersteren als Wechselstrommaschine sind Zylinderdeckel, Kolben und Wände Temperaturunterschieden ausgesetzt, welche die Expansion anders beeinflussen als das in der Turbine der Fall ist. Hier verfolgt der Dampf immer nur einen Weg, indem er eine Anzahl hintereinanderliegender Räume durchströmt, in welchen er einen bestimmten, gleichbleibenden Druck annimmt. Ein und dieselben Wandungs- und Laufteile werden daher stets mit Dampf von derselben, sich gleichbleibenden Temperatur in Berührung stehen, d. h. der Temperatur, welche seiner Spannung an der Berührungsstelle entspricht. Es zeigt sich dabei, daß der Dampf in der Turbine bei gleicher Volumenvergrößerung wie in der Kolbenmaschine in ersterer mehr an Spannung verliert, d. h. in der Turbine schneller expandiert. Die Expansion vollzieht sich in ihr nach der Adiabate, welche steiler abfällt als die Isotherme.

Das fur adiabatische Expansion geltende Poissonsche oder potenzierte Gay-Lussac-Mariottesche Gesetz lautet für gesättigten Dampf:

Die Volumina verhalten sich umgekehrt wie die 1,14ten Wurzeln aus den Spannungen.

Durch eine Formel ausgedrückt, in der v wieder das Anfangs-, v_1 das Endvolumen, p den Anfangs- und p_1 den Endexpansionsdruck darstellt, erhält man

$$\frac{v}{v_1} = \frac{\sqrt[1,14]{p_1}}{\sqrt[1,14]{p}} = \sqrt[1,14]{\frac{p_1}{p}} \text{ oder mit 1,14 potenziert: } \frac{v^{1,14}}{{v_1}^{1,14}} = \frac{p_1}{p} \text{ oder } \left(\frac{v}{v_1}\right)^{1,14} = \frac{p_1}{p}.$$

Beispiel: Wird ein Raum von 0,4 cbm Inhalt mit Dampf von 9 kg pro qcm absoluter Spannung gefüllt und soll diese Dampfmenge auf den dreifachen Rauminhalt von 1,2 cbm expandieren, dann ergibt sich der Endexpansionsdruck zu:

$$p_1 = p \cdot \left(\frac{v}{v_1}\right)^{1,14} = 9\left(\frac{0,4}{1,2}\right)^{1,14} = 9 \cdot 0,333^{1,14}.$$

Logarithmisch berechnet ist:

$$\begin{aligned}
\log p_1 &= \log 9 + 1,14 \cdot \log 0,333 \\
\log 9 &= 0,95424 \\
\log 0,333 &= 0,52244 - 1 \\
1,14 \cdot \log 0,333 &= 0,59558 - 1,14 = 0,45558 - 1 \\
\log p_1 &= 0,95424 + (0,45558 - 1) \\
&= 0,40982, \\
p_1 &= 2,57 \text{ kg pro qcm.}
\end{aligned}$$

Vergleicht man damit die Expansion nach der Isotherme, die nach der Formel $\frac{v}{v_1} = \frac{p_1}{p}$ erfolgt und wonach $p_1 = \frac{0,4 . 9}{1,2} = 3,0$ kg pro qcm wird, dann ist ersichtlich, daß die adiabatische Expansion schneller vor sich geht. Dementsprechend fallen auch die Flächenstücke im Diagramm, also die Arbeitsleistungen bei letzterer kleiner aus. Trotzdem ist die Mehrleistung des Dampfes in der Kolbenmaschine nur scheinbar vorhanden. Dem Füllungsdampf wird an Wärmeenergie das entzogen, was der sich ausdehnende Dampf an Mehrarbeit gegenüber adiabatischer Expansion aufweist; d. h. die Füllungslinie fällt bei der Isotherme tiefer als bei der Adiabate, gleichen Einlaßdruck vorausgesetzt.

Ueberhitzter Dampf, der sich den Eigenschaften ideeller Gase, d. h. solcher, die nur schwer in einen andern Aggregatzustand überführbar sind (z. B. Sauerstoff, Stickstoff, Wasserstoff usw.), nähert, und zwar um so mehr, je weiter die Ueberhitzung getrieben wird, expandiert schneller als gesättigter Dampf. Die Expansionslinie wird noch schneller abfallen als die Adiabate für Sattdampf und entsprechend werden auch die Exponenten für v bzw. p größer. Bei Verwendung überhitzten Dampfes liegen die Expansionsverhältnisse für Kolbenmaschine und Turbine annähernd gleich. Bei einer Ueberhitzung von 50 ° C muß der Exponent zu 1,2, bei einer solchen um etwa 100 ° C zu 1,25 und bei 150 ° zu rund 1,3 angenommen werden.

Greift man auf das obige Beispiel zurück und nimmt eine Ueberhitzung des Eintrittsdampfes von 100 ° C an, so ist

$$\begin{aligned}
p_1 &= 9 . \left(\frac{0,4}{1,2}\right)^{1,25} \\
&= 9 . 0,333^{1,25} \\
\log 9 &= 0,95424 \\
1,25 . \log 0,333 &= 0,40305 - 1 \\
\log p_1 &= 0,95424 + (0,40305 - 1) \\
&= 0,35729 \\
p_1 &= 2,28 \text{ kg pro qcm.}
\end{aligned}$$

Bei der Expansion von Sattdampf errechnete sich p_1 zu 2,57 kg. Die Arbeitsfläche fällt beim Heißdampf demnach erheblich kleiner aus. D. h. soll in einer Maschine mit Heißdampf dieselbe Leistung erzielt werden wie mit gesättigtem, dann muß entweder die Eintrittsspannung erhöht oder die Füllung vergrößert werden.

Die Konstruktion der Adiabate.

Wenn für das letzte Rechnungsbeispiel mit überhitztem Dampf die Strecke AB in Abb. 2 das Anfangsvolumen v = 0,4 cbm darstellt, so sind die Ordinaten AM und BN gleich dem Anfangsdruck p = 9 kg. Der Dampf soll auf das Volumen $v_0 = 1,2$ cbm expandieren, und dazu wird die Spannungslinie (die Adiabate) gesucht.

Man errichtet zwischen B und C in einem beliebigen Punkte D eine Ordinate und wählt D dabei zweckmäßig so, daß BD in AB teilbar ist, z. B. BD = ¼ AB. AD wird dann gleich $^5/_4$ AB = 0,5 cbm, d. h. bei D ist der Dampf von einem Anfangsvolumen v = 0,4 cbm auf einen Rauminhalt v_1 = 0,5 cbm expandiert. Für diesen Ausdehnungsvorgang wird nun der in D herrschende Druck errechnet.

$$\left(\frac{v}{v_1}\right)^{1,25} = \frac{p_1}{p}$$

$$p_1 = p \cdot \left(\frac{v}{v_1}\right)^{1.25} = 9 \left(\frac{0,4}{0,5}\right)^{1,25} = 9 \,.\, 0,8^{1,25}$$

$$\log 9 = 0,95424$$

$$1,25 \,.\, \log 0,8 = 1,25 \,.\, (0,90309 - 1) = 0,87886 - 1$$

$$\log p_1 = 0,95424 + (0,87886 - 1) = 0,83310$$

$$p_1 = 6,81 \text{ kg pro qcm.}$$

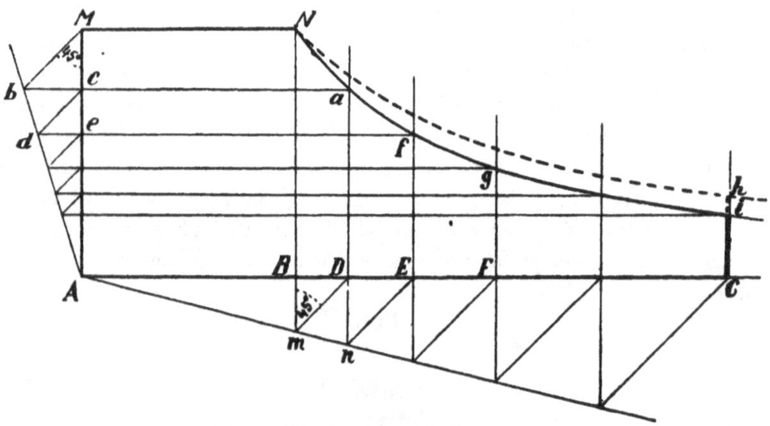

Abb. 2. Die Adiabate.

Diese 6,81 kg trägt man auf der in D errichteten Ordinate von D bis a ab und legt an AM in M nach außen einen Winkel von 45 ° an. Eine von a zur Nullinie AD gezogene Parallele trifft den freien Schenkel des Winkels in b und den Schenkel AM in c. Von A wird nun durch b eine Gerade gelegt und in c an AM wieder ein Winkel von 45 ° angetragen, der die Linie Ab in d schneidet. Die durch d zu AD gezogene Parallele schneidet AM in e. Durch den hier angetragenen halben R wird der Punkt für die folgende Parallele gewonnen usw., so daß man eine Anzahl Parallele zu AD erhält. An AD legt man in D nach A einen Winkel von 45 °. Der freie Schenkel trifft die Verlängerung der Ordinate BN in m, den Richtpunkt einer Geraden von A aus. Die durch D gehende Ordinate wird bis zum Schnittpunkt n mit dieser Linie verlängert, in n an Dn ein halber R angetragen und damit Punkt E auf AC erhalten. Eine hier errichtete Ordinate schneidet die durch d gezogene zweite Parallele in f. f stellt nach a den zweiten Punkt der von N ausgehenden Adiabate dar, und Ef ist gleich dem Druck, der im Volumen AE herrscht. Indem die Ordinate Ef bis zu der von A durch m gelegten Geraden durchgezogen, in diesem Treffpunkt o wieder ein Winkel von 45 ° angelegt wird, dessen freier Schenkel AC in F schneidet, erhält man durch Errichten einer Ordinate in F den Schnittpunkt g mit der dritten Parallelen zu AC und in g einen weiteren Punkt der Adiabate.

Das Verfahren wird fortgesetzt, bis man genugend Punkte bis zur Endexpansion C gefunden hat.

Zum Vergleich ist die Isotherme Nh einpunktiert und das Flächenstück Nhi gibt an, um wieviel die Arbeitsleistung bei adiabatischer Expansion geringer ist als bei isothermischer.

II. Abschnitt.

§ 3.

Die Strömungsgeschwindigkeit des Dampfes.

Dampfgeschwindigkeit wird durch Expansion erzeugt.

Oeffnet man an einem Kessel. in dem ein absoluter Druck von z. B. 12 kg pro qcm herrscht, einen Probierhahn im Dampfraum, dann expandiert der Dampf beim Durchgang durch den Hahn und erreicht an dessen Mündung die im Heizraum herrschende atmosphärische Spannung von rund 1 kg pro qcm. Das Druckgefälle beträgt also 12 —1 = 11 kg. Durch Messungen ist festgestellt, daß der Dampf bei zylindrischer Hahnbohrung mit rund 450 m Geschwindigkeit in der Sekunde die Mündung verläßt. Zu demselben Ergebnis gelangt man, wenn die Bohrung nach der Mündung zu konisch verengt wird. Steigert man den Druck im Heizraum (praktisch natürlich nicht durchführbar, sondern nur zum Zwecke der Erklärung angenommen) auf 2 kg absolut, womit sich das Druckgefälle auf 12 —2 = 10 kg vermindert, dann ändert sich nichts an der Geschwindigkeit des aus dem Hahne strömenden Dampfes; selbst dann nicht, wenn der Heizraumdruck bis auf 6,9 kg absolut erhöht und demgemäß das Druckgefälle auf 12 —6,9 = 5,1 kg ermäßigt wird. Vergrößert man den Gegendruck aber noch mehr, so macht sich eine Abnahme der Geschwindigkeit bemerkbar, die um so größer ist, je mehr der Druckabfall im Hahndurchgang abnimmt. 6,9 kg sind gleich 0,577 des Kesseldruckes p von 12 kg. Die Zahl 0,577 p bezeichnet man als den

kritischen Druck

Er hat für alle Drucke Geltung. Soll z. B. Dampf von 5 kg Spannung Geschwindigkeit erteilt werden, so wird durch Expansion in einer zylindrischen oder konisch verengten Düse bei einem Endexpansionsdruck von 5 . 0,577 = 2,89 kg schon die höchste erreichbare Geschwindigkeit von 450 m in der Sekunde erzielt. Die Expansion weiter zu treiben hat keinen Zweck, weil ein größeres Druckgefälle nicht imstande ist, eine größere Anzahl Dampfteilchen (Moleküle) durch den engsten Düsenquerschnitt in der Sekunde hindurchzuzwängen, als es schon beim Erreichen des kritischen Druckes der Fall ist.

1883 hat der Schwede de Laval eine Düse erfunden, die es ermöglicht, unterhalb des kritischen Druckes immer höhere Geschwindigkeiten zu erzielen. Die Düse ist erst eingeschnürt und darauf konisch erweitert (Abb. 3). Um die größten Dampfgeschwindigkeiten zu erzeugen, muß die konische Erweiterung sowohl im Anwachsen des Querschnittes wie in der Länge in einem bestimmten Verhältnis zur Einschnürung stehen. Vergrößerung oder Verkleinerung der Mündungsweite, Verlängerung oder Kürzung des konischen Teiles vermindern die Dampfgeschwindigkeit. Während bei Unterschreitung des kritischen Druckes (d. h. von 0,577 p abwärts) der aus einer zylindrischen oder konisch verengten Düse strömende Dampfstrahl nicht geschlossen bleibt, sondern mehr büschelförmig nach allen Seiten sich ausbreitet (Abb. 4), bleibt er bei der Lavaldüse geschlossen und im Querschnitt so groß wie die Düsenmündung (Abb. 3); das

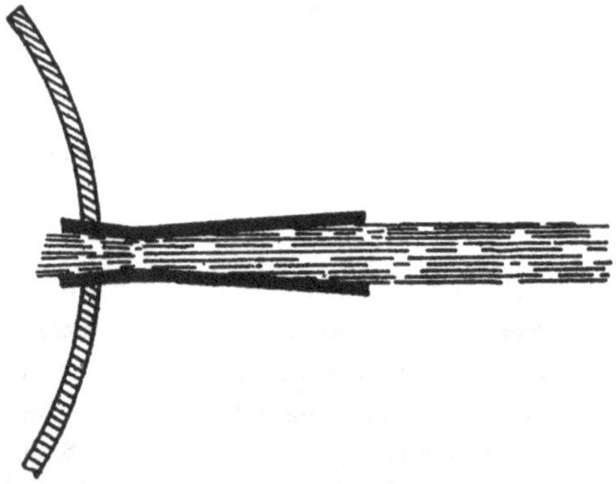

Abb. 3. De Lavaldüse.

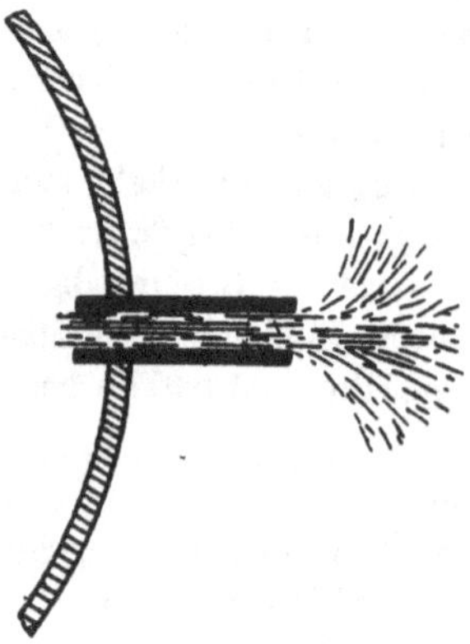

Abb. 4. Zylindrische Düse.

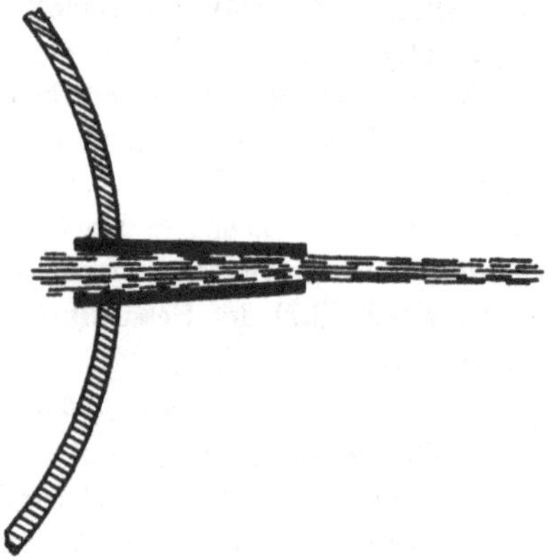

Abb. 5. Konisch verengte Düse.

ist in den andern Düsen nur bis zum kritischen Druck hinunter der Fall (Abb. 5). Die Wirkungsweise der Lavaldüse erklärt man sich durch sogenanntes Rückwärtsexpandieren des Dampfes, wodurch es demselben ermöglicht wird, sich von den konisch erweiterten Düsenwandungen im spitzen Winkel abzustoßen und infolgedessen vermehrte Geschwindigkeit aufzunehmen. Die in der zylindrischen und konisch verengten Düse bei Unterschreitung des kritischen Druckes beobachtete Expansion nach allen Seiten wirkt stauend auf den die Düse durcheilenden Strahl und zwar umso stärker, je größer das Druckgefälle wird. Deshalb bleibt hier die Geschwindigkeit bei

450 m stehen. In der Lavaldüse kann der Dampf sich nach dem Passieren der Einschnürung nicht ausbreiten, wird im konischen Teil als Strahl zusammengehalten und expandiert lediglich nach vorne nnter steter Zunahme an Schnelligkeit.

Die Dampfgeschwindigkeit steigt in der Lavaldüse fortwährend mit der Verringerung des Gegendruckes oder, was dasselbe ist, mit der Vergrößerung des Druckgefälles und erreicht z. B. bei einer Expansion von 12 auf 0,1 kg den hohen Betrag von 1200 m in der Sekunde. Kurz hinter der Einschnürung erreicht der Dampf schon die in der zylindrischen oder konisch verengten Düse überhaupt erzielbare Höchst-

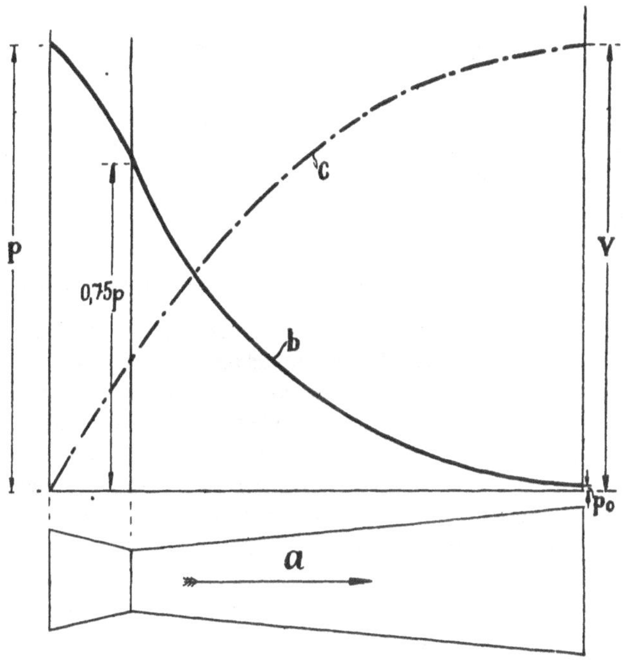

Abb. 6. Druck- und Geschwindigkeitsverlauf in einer Lavaldüse.
p = Düsenanfangsdruck, po = Düsenenddruck, 0,75 p = Einschnürungsdruck, a = Lavaldüse, b = Expansionskurve, c = Geschwindigkeitskurve, v = Ausflußgeschwindigkeit.

geschwindigkeit von 450 m, um sich von hier ab bis zur Düsenmündung auf die angegebene Schnelligkeit zu steigern. Nach Untersuchungen von Zeuner expandiert der Dampf in der Lavalduse in der Einschnürung bis auf 0,75 p, wenn das kritische Gefälle untersohritten wird, und erreicht hier schon eine Geschwindigkeit von etwa 325 m. Im konischen Teil geht dann die weitere Expansion bis auf den Gegendruck vor sich und der Gewinn der zusätzlichen Geschwindigkeit. Bis zum kritischen Druck hinunter ist die mit der Lavaldüse erzielbare Geschwindigkeit genau so groß wie bei den anderen Düsenformen. Aus den Betrachtungen folgt also, daß die Form der Duse abwarts bis zum kritischen Druck beliebig gewählt werden kann, bei einer Unterschreitung desselben jedoch die Lavaldüse erforderlich ist, um möglichst hohe Dampfgeschwindigkeiten zu erzielen!

Abb. 6 stellt die Vorgänge in einer Lavaldüse dar.

Für hoch überhitzten Dampf liegt der kritische Druck niedriger als beim gesättigten. Er beträgt bei 150 ° Ueberhitzung etwa 0,55 des Anfangsdruckes; auch werden mit überhitztem Dampf höhere Geschwindigkeiten erzielt, weil der größere Wärmeinhalt ihm höhere Arbeitsenergie verleiht als gesättigtem von gleicher Spannung. Durch ein Druckgefälle von 12 auf 0,1 kg erhält man bei Sattdampf eine Geschwindigkeit von **1197** m, bei einer Ueberhitzung des Dampfes von gleichem Anfangsdruck auf **350** ° C dagegen **1317** m.

Tafel I gibt eine Anzahl durch verschiedene Drucke und Druckgefälle erreichbare Geschwindigkeiten unter Verwendung von Sattdampf wieder. Die unterhalb der verstärkt ausgezogenen Teillinien angeführten Zahlen werden durch ein geringeres als das kritische Gefälle erzielt.

§ 4.

Arbeitsleistung durch Strömungsgeschwindigkeit.

Betrachtet man den aus einem Probierhahn tretenden Dampfstrahl, so liegt die Vermutung nahe, daß er von der Austrittsmündung an einen höheren Druck besitzt als der im Heizraum herrschende; denn hält man z. B. dem Strahl eine Kohlenschaufel entgegen, dann ist er bestrebt, sie beiseite zu schieben. Die Schubkraft ruhrt aber nicht von einer Spannungswirkung her, da ein in den Dampfstrom geschaltetes Manometer keinen andern als den im Heizraum vorhandenen Druck anzeigt. Die Schubwirkung kann ihre Ursache somit nur in der Geschwindigkeit haben, die dem Dampf durch Expansion im Hahn erteilt wurde. Läßt man den Strahl schräg gegen die Schaufel strömen und gibt dem Schube ein wenig nach, so ist zu bemerken, daß der Strahl seine Richtung beim Verlassen der Schaufelfläche geändert hat. Infolge der auf die Schaufel ausgeubten Schubkraft hat er auch an Geschwindigkeit verloren. Wird dem Strahl noch einmal ein Gegenstand entgegengehalten, dann übt er unter abermaliger Richtungsänderung und Geschwindigkeitsabgabe auch auf diesen einen Schub aus. Infolge der dem Dampf erteilten hohen Schnelligkeit hat derselbe das Bestreben, die ihm in der Duse oder im Hahn gegebene Richtung beizubehalten (Beharrungsvermögen). Durch die Geschwindigkeit ist ihm lebendige Kraft erteilt, die ihn in den Stand setzt, unter Aenderung der Richtung Arbeit zu leisten. Der hierbei abgegebene Teil an lebendiger Kraft oder was dasselbe ist, an Geschwindigkeit, erscheint als mechanische Arbeit wieder und zwar durch das Beiseiteschieben des berührten Gegenstandes. Der Druck hat mit dieser Arbeitsleistung nichts zu tun, denn er bleibt während der Arbeit des Dampfstrahles ein und derselbe und erhebt sich nicht über den, der im Arbeitsraum herrscht.

In der Turbine wird die dem Dampf in Düsen erteilte Geschwindigkeit dadurch nutzbar gemacht, daß man den Dampfstrom gegen gebogene Schaufeln leitet. Sie werden am Umfange eines Rades befestigt, welches auf der zu treibenden Welle sitzt (Abb. 7). Infolge der Rundung der Schaufeln muß der Dampf beim Entlanggleiten fortwährend seine Richtung ändern und gibt dabei, wenn die Schaufel dem Schube nachgibt, auch fortwährend Energie ab, bis er die Schaufel verläßt. Mit dem von Mitte der Welle bis zur Schaufelmitte reichenden Hebelarm wirkt die abgegebene Kraft drehend auf die Welle Der Dampf wird parallel zur Eintrittskante der Schaufel in diese hineingeleitet. Geschieht das aber in einem Winkel, so tritt Stoßwirkung auf, die mit dem Eintrittswinkel wachst und bei senkrechtem Auftreffen am größten

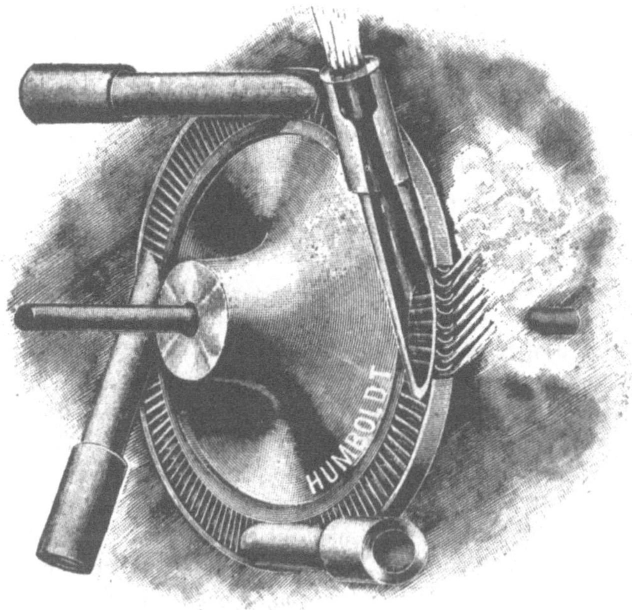

Abb. 7. Freistrahl- oder Gleichdruck- oder Aktionsturbine.

ware. Anstatt daß dann der Strahl ruhig und geschlossen an der Schaufel entlanggleitet, entsteht Prallwirkung und Streuung. Beide sind mit Energieverlusten verbunden, die in Gestalt einer Temperaturerhöhung des Schaufelmaterials wiedererscheinen.

Wird das Rad festgehalten, dann strömt der Dampf an den stillstehenden Schaufeln fast ohne Geschwindigkeitsverlust entlang. Es wird nur ein geringer Teil der Strömungsenergie durch Reibung an den Schaufeln aufgezehrt, ein Verlust, der eine Erhöhung der Temperatur des Schaufelmaterials im Gefolge hat.

III. Abschnitt.

Die Aktionsturbinen.

§ 5.

Dampf- und Schaufelgeschwindigkeit.

Setzt man auf eine durch ein geschlossenes Gehäuse gehende Welle ein Rad und besetzt seine Peripherie mit einem Kranz gebogener Schaufeln, dann müssen die Düsen, in denen der Dampf Geschwindigkeit erhält, in dem einen Boden angebracht werden. Sie erhalten eine solche Stellung, daß der austretende Strahl parallel zur Eintrittskante der Schaufeln und infolgedessen in einem sehr spitzen Winkel zur Radseite eintreten muß (Abb. 7). Weiter gibt man den Düsen keinen runden, sondern rechteckigen Querschnitt von solcher Höhe, daß der Strahl nicht höher ist als die Schaufeln, gegen die er strömt, damit kein Dampf daran vorbeigeht und der Strahl die Schaufeln voll trifft. Werden die Düsen an die Frischdampfleitung, der auf der andern Seite des Rades sitzende Boden an den Kondensator angeschlossen, dann herrscht im ganzen Gehäuse der Kondensatordruck. Der die Dusen passierende Dampf expandiert also z. B. von 12 auf 0,1 kg absolut und nimmt dabei eine Geschwindigkeit von rund 1200 m auf. Wenn diese in dem Schaufelkranz voll ausgenutzt werden soll, muß der Dampf auf der Austrittsseite mit der Geschwindigkeit 0 herauskommen, d. h. bewegungslos geworden und daher zu weiterer Arbeit nicht mehr befähigt sein. Dazu müssen sich die Schaufeln mit einer Umlaufgeschwindigkeit von 600 m in der Sekunde bewegen. Ist das der Fall, dann werden dem Dampf 600 m Geschwindigkeit von seinen 1200 m beim Einströmen in der Drehrichtung entzogen und die restlichen 600 m seiner Energie, indem er von der Mitte der Schaufelfläche ab gegen die Drehrichtung die mit 600 m Schnelligkeit ausweichenden Schaufeln verläßt. Beim Austritt ist er dann bewegungslos und ihm damit die ganze Geschwindigkeitsenergie entzogen. Wird die Welle so belastet, daß sich die Schaufeln z. B. mit nur 400 m in der Sekunde bewegen können, dann gibt der Dampf von 1200 m Strahlgeschwindigkeit 400 m in der Drehrichtung und 400 m gegen dieselbe ab und kommt mit 400 m Restgeschwindigkeit aus der Schaufelung heraus.

Soll dem Dampf also die volle Energie entzogen werden, so muß die Schaufelgeschwindigkeit gleich der halben Dampfgeschwindigkeit gemacht werden.

Das ist bei der geschilderten Turbine der Fall, in welcher der Dampf in feststehenden Düsen Geschwindigkeit erhält und der Druck im Turbinengehäuse vor wie hinter den Schaufeln ein und derselbe ist.

Im obigen Beispiel mußten sich die Schaufeln mit 600 m in der Sekunde bewegen, um die Dampfgeschwindigkeit von 1200 m voll auszunutzen. Bei einem Raddurchmesser von 2 m legen die Schaufeln einen Weg von 2 . 3,14 = 6,28 m in einer Umdrehung zurück. Bei 600 m Schaufelgeschwindigkeit muß sich das Rad also 600 : 6,28 = ∽ 96 mal in der Sekunde drehen. Selbst das beste Material hält solcher Geschwindigkeit nicht stand, denn die Fliehkraft ist so groß, daß auch das stärkste Rad und die stärksten Schaufeln einfach zerrissen würden. De Laval baut allerdings solche einkränzigen Turbinen, kann aber nur mit 350—400 m Schaufelgeschwindigkeit arbeiten und muß noch dazu die sich daraus ergebenden hohen Umdrehungszahlen durch Zahnradvorgelege auf ein brauchbares Maß herabmindern. Der Dampf wird natürlich auch nicht voll ausgenutzt, weil die Umfangsgeschwindigkeit dazu nicht ausreicht. Eine einfachere Maschine ist allerdings kaum denkbar als diese einkränzige Turbine. Sie erhält ein verhältnismäßig kleines Rad, weil nur ein solches hinreichend widerstandsfähig gemacht werden kann, und so kommen Umdrehungszahlen bis zu 20 000 in der Minute vor. Die Turbine wird deshalb auch nur für Leistungen bis zu etwa 1000 PS gebaut.

Der Herstellung einer so einfachen Maschine stellen sich für volle Energieausnutzung also vorläufig nicht überwindbare Schwierigkeiten entgegen, und man ist gezwungen, einmal, um genügende Betriebssicherheit zu erreichen und andererseits um auf praktisch brauchbare Umdrehungszahlen zu kommen, die Geschwindigkeit auf mehrere Schaufelkränze zu verteilen. Dazu stehen drei Wege offen:

1. durch Geschwindigkeitsabstufung,
2. durch Druckabstufung,
3. durch beide Konstruktionen zusammen.

§ 6.

Beaufschlagung.

Von der rechteckigen Form des Düsenquerschnitts ist schon gesprochen. Da die Düsen in einem spitzen Winkel zur Radseite stehen, ist ihre Mündung so abgeschrägt, daß sie überall gleich weit von den Schaufeln absteht (Abb. 7) und diese möglichst unmittelbar getroffen oder die Wirkung des Dampfstrahles tunlichst unmittelbar auf die Schaufeln übertragen wird. Die Düsenmündung und damit auch der Strahl ist nun so breit, daß er in mehrere Schaufeln zugleich einströmt oder, anders ausgedrückt, mehrere Schaufeln b e a u f s c h l a g t. Je nach der Zahl der Düsen kann ein Teil der Schaufeln eines Kranzes oder durch Anbringung von Düsen rings um das Rad alle Schaufeln zugleich beaufschlagt werden. Im ersten Falle sagt man, d a s R a d i s t t e i l w e i s e o d e r p a r t i e l l b e a u f s c h l a g t (wie in Abb. 7), in letzterem Falle, d a s R a d i s t v o l l b e a u f s c h l a g t.

Wenn ein einkränziges Turbinenrad bei partieller Beaufschlagung und z. B. 1200 m Dampfgeschwindigkeit mit 600 m Schaufelschnelligkeit läuft, dann wird der Dampf voll ausgenutzt, da er die Schaufeln mit der Geschwindigkeit Null verläßt. Bringt man jetzt mehr Düsen an, vergrößert also die Beaufschlagung, so können die Schaufeln keine höhere Geschwindigkeit annehmen; denn täten sie es, dann wäre der Dampf schon vor dem Austritt arbeitsunfähig, weil seine Energie vorher aufgezehrt würde. Vom Rücken der folgenden Schaufeln mußte der bewegungslose Dampf mitgeschleppt und nach dem Austritt gedrängt werden. Diese von den Schaufeln zu leistende Arbeit wird ihre Geschwindigkeit vermindern und sie selbsttätig auf die halbe Dampfschnelligkeit einspielen. Was aber infolge der größeren Beaufschlagung möglich wird, das ist eine größere Belastung der Welle, da die größere Dampfmenge mehr Energie besitzt als die kleinere bei der geringeren Beaufschlagung.

Belastet man bei einer bestimmten Beaufschlagung die Welle so stark, daß die Schaufeln nicht imstande sind, sich mit der halben Dampfgeschwindigkeit zu bewegen, dieselbe also voll auszunutzen, dann kann durch größere Beaufschlagung die Schnelligkeit so gesteigert werden, daß dieses Ziel erreicht wird, weil die vergrößerte Dampfmenge die dazu nötige Energie hergibt.

§ 7.

Geschwindigkeitsabstufung.

Soll die in einem Düsensatz durch das volle Gefälle vom Kessel- auf den Kondensatordruck erzielbare hohe Dampfgeschwindigkeit von etwa 1200 m so ausgenutzt werden, daß man praktisch verwendbare Umdrehungszahlen erreicht und die Schaufelgeschwindigkeit die nötige Betriebssicherheit gewährleistet, dann muß der Dampfstrahl mehrere Male hintereinander zur Arbeit gezwungen werden.

Ein Rad, das z. B. mit 300 m Umfangsgeschwindigkeit läuft, entzieht dem Dampf 600 m Geschwindigkeit, so daß der Strahl mit restlichen 600 m den Schaufelkranz verläßt. Diese lassen sich nun dadurch ausnutzen, daß man hinter dem ersten noch einen zweiten Schaufelkranz auf der Radperipherie anbringt und gegen diesen den aus dem ersten Kranz kommenden Strahl leitet. Die Schaufeln des zweiten Kranzes müssen mit ihrer Krümmung natürlich ebenso eingestellt sein wie die des ersten. Diesen verläßt der Dampfstrahl aber fast entgegengesetzt zu der Richtung, in welcher er eintrat. Er muß jetzt so gewendet werden, daß er in den zweiten Schaufelkranz ungefähr unter demselben Winkel gelangt wie im ersten. Zu dem Zweck setzt man beide Kränze genügend weit auseinander und baut in das feststehende Gehäuse einen Kranz von Schaufeln ein, welche in den Zwischenraum zwischen beiden Laufkränzen hineinragen. Sie werden mit ihrer Krümmung umgekehrt eingesetzt wie die Laufschaufeln. Dann tritt der den ersten Laufkranz verlassende Dampfstrahl parallel zur Eintrittskante der feststehenden Schaufeln, also ohne Stoß ein, wird fast ohne Geschwindigkeitsverlust an ihnen entlang und in seine ursprungliche Richtung (wie er aus den Düsen kam) umgeleitet, um dann den zweiten Laufkranz richtig zu beaufschlagen (Abb. 8). Die feststehenden Schaufeln nennt man daher

Leit- oder Umkehrschaufeln.

Die Dampfgeschwindigkeit wurde in zwei Teile zerlegt und voll ausgenutzt unter Verminderung der Schaufelgeschwindigkeit auf die Hälfte und auf ¼ des Betrages, mit dem der Dampf die Düsen verließ. So kann man die Geschwindigkeit weiter abstufen, z. B. auf vier Laufkränze verteilen (Abb. 8). Dann beträgt die Schaufelschnelligkeit $\frac{1200}{2\,.\,4} = 150$ m in der Sekunde. Zwischen zwei Laufkränze muß ein Leitkranz gesetzt werden; hier wären somit drei erforderlich. Der Dampf tritt mit 1200 m Geschwindigkeit aus den Düsen in den ersten Laufkranz ein. Da derselbe mit 150 m Umfangsgeschwindigkeit läuft, gibt der Strahl 300 m ab und gelangt mit den übrigen 900 m in den ersten Umkehrkranz, weiter in den zweiten Laufkranz. Dieser entzieht dem Dampf weitere 300 m seiner Geschwindigkeit und mit 600 m kommt der Strahl durch den zweiten Leitkranz in die dritte Laufstufe. Nach erneuter Abgabe von 300 m werden die restlichen 300 m Dampfgeschwindigkeit über den dritten Leitkranz an die vierte und letzte Laufstufe abgegeben. Damit ist die Geschwindigkeit von 1200 m aufgezehrt und die Strömungsenergie voll ausgenutzt.

Bei partieller Beaufschlagung bleiben die aus einem Düsensatz fließenden Dampfstrahlen beim Durchgang durch die Lauf- und Leitschaufeln geschlossen. In den auf die erste Geschwindigkeits- oder Laufstufe folgenden Laufkränzen werden also nicht mehr Schaufeln beaufschlagt als in der ersten. Es brauchen deshalb keine vollen Leitkränze angebracht zu werden, sondern nur Segmente (Bogenstücke) von Schaufeln, die etwas breiter gemacht werden als die sie passierenden Dampfstrahlen, um sie voll abzufangen und umzuleiten.

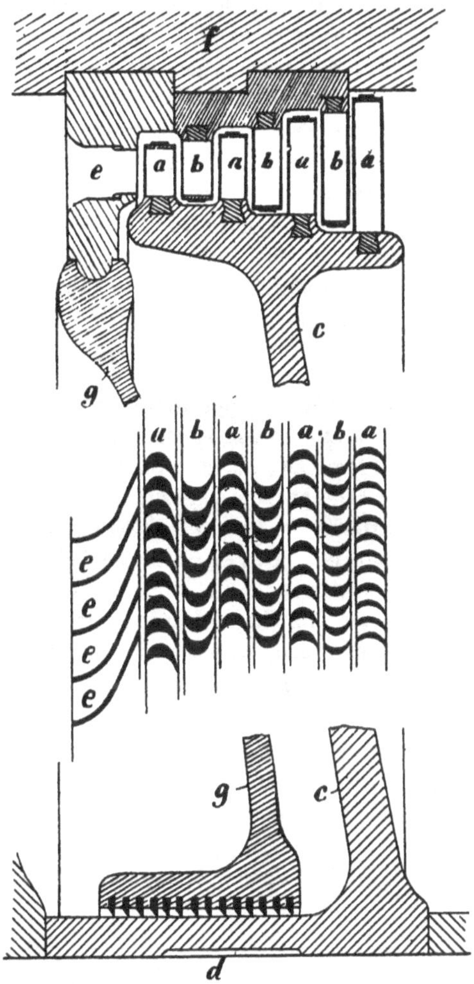

Abb. 8. Druckstufe einer Aktionsturbine mit vier Geschwindigkeitsstufen.
a Laufschaufeln, b Leit- oder Umkehrschaufeln, c Laufrad, d Welle, e Düsen, f Gehäuse, g Zwischenboden.

Der Dampf ist nach dem Verlassen der Eintrittsdüsen auf den im Gehäuse herrschenden Druck (im angenommenen Falle die Kondensatorspannung) expandiert. Vor dem ersten Laufschaufelkranz herrscht genau derselbe Druck wie hinter dem vierten und letzten. Eine Aenderung des Druckes während des Durchströmens der Schaufelkränze tritt nicht ein, sondern lediglich eine Aenderung der Dampfgeschwindigkeit von Laufstufe zu Laufstufe. Gleichdruck vor und hinter den Schaufeln wird dadurch erzielt, daß die Schaufellücken (Zwischenraum zwischen je zwei Schaufeln), quer zum durchgehenden Dampfstrahl gemessen, von vorn bis hinten gleichweit gemacht werden (Abb. 12 B). Nur in der Mitte können die Durchgänge etwas verengt werden und zwar durch Verstärkung des Rückens der Schaufeln. Bei der großen Geschwindigkeit, mit welcher der Strahl die Schaufeln passiert und mit der er umgeleitet wird, drängt er sich in der Mitte des Schaufeldurchganges etwas zusammen und löst sich, wenn die Lücken überall gleich weit sind, vom Rücken der nachfolgenden Schaufel los. An dieser Stelle entsteht dann ein Hohlraum, welcher durch eine Verstärkung des Schaufelrückens ausgefüllt wird. Der Hohlraum wird um so größer sein, je weiter die Strahlgeschwindigkeit die der Schaufel übertrifft, am größten infolgedessen bei unserm Beispiel in der ersten Laufstufe; denn hier weicht die Schaufel mit 150 m Schnelligkeit aus, während der Strahl beim Austritt noch 900 m Geschwindigkeit besitzt.

Das Gehäuse, die geschlossene, unter einem bestimmten, gleichbleibenden Druck stehende Kammer, deren Druck der aus der Düse tretende Dampfstrahl annimmt und bis zum Verlassen derselben beibehält, nennt man Druckstufe. Die Laufschaufelkränze, welche auf dem sich in dieser Kammer drehenden Rade sitzen, und von denen jeder unter gleichbleibendem Druck dem Dampf einen Teil seiner Geschwindigkeit entzieht, bezeichnet man mit

Geschwindigkeitsstufen.

Hat man, wie oben beschrieben, eine Turbine, in welcher der Dampf in einem einzigen Düsensatz, also nur einmal expandiert und Geschwindigkeit erhält, die dann in vier Laufkränzen ausgenutzt wird, so sagt man, die Turbine besitzt eine Druckstufe mit vier Geschwindigkeitsstufen.

Der Erfinder der Geschwindigkeitsstufen ist der Amerikaner Curtis (sprich Körtiß). Ein Rad mit mehreren Geschwindigkeitsstufen wird deshalb allgemein mit Curtisrad bezeichnet.

Ist n die Zahl der Geschwindigkeitsstufen, v die in den Düsen erzeugte Dampfgeschwindigkeit, und soll die auf jede Stufe entfallende Dampfgeschwindigkeit x ermittelt werden, so ist

$$x = \frac{v}{n}.$$

Die Schaufelgeschwindigkeit s ist halb so groß wie die auf jede Geschwindigkeitsstufe entfallende Dampfgeschwindigkeit. Daher:

$$s = \frac{v}{2 . n}.$$

§ 8.

Druckabstufung.

Statt einer Verringerung der Schaufelgeschwindigkeit und Umdrehungszahl durch Geschwindigkeitsabstufung kann eine solche auch durch Druckabstufung herbeigeführt werden. Zu diesem Zweck wird das Turbinengehäuse durch dichte Querwände (Zwischenböden) in ebenso viele Kammern geteilt, wie Druckstufen vorgesehen sind. Auf der durch sämtliche Kammern gehenden Welle, welche in den Durchgangsstellen durch Gehäusedeckel und Zwischenböden dampfdicht gemacht werden muß, sitzt in jeder Kammer ein Rad mit einem Laufschaufelkranz. Für das erste Rad sind die Dusen wie bei der Turbine mit einer einzigen Druckstufe im vorderen Gehäusedeckel oder -boden untergebracht. Ihnen stromt der vom Kessel kommende Dampf zu und expandiert soweit, daß eine Dampfgeschwindigkeit erreicht wird, die der in der ersten Kammer sitzende Laufkranz voll aufzehrt. Da die Umfangsgeschwindigkeit eine mäßige werden soll, darf das Druckgefalle auch nur ein entsprechend geringes sein, damit die Dampfschnelligkeit nicht zu groß wird. Wenn der Dampf den ersten Düsensatz verläßt, besitzt er also noch einen gewissen Druck, mit dem er unter Abgabe seiner Geschwindigkeit durch den Laufkranz des Rades geht. Nach Verlassen desselben gelangt er in Dusen, die im ersten Zwischenboden angebracht sind. Infolge des ihm noch verbliebenen Druckes expandiert er hier zum zweiten Male, um dadurch erneut Geschwindigkeit aufzunehmen. Sie wird an das zweite Rad abgegeben. So expandiert der Dampf weiter von Kammer zu Kammer, bis er in den Düsen des letzten Zwischenbodens durch Eintritt in die letzte Kammer den Kondensatordruck erreicht und die hier aufgenommene Geschwindigkeit dem Kranz des letzten Rades mitteilt. Vom Austritt aus einem Düsensatz bis zum Eintritt in den nächstfolgenden, also durch eine Kammer hindurch, bleibt der Druck ein und derselbe, deshalb auch vor wie hinter den Schaufeln ein und desselben Rades. Eine solche Turbine nennt man

eine reine Druckstufenturbine.

Jede Druckstufe erhält nur eine Geschwindigkeitsstufe.

Damit der Dampf um den zur Erzielung der fur eine Stufe erforderlichen Geschwindigkeit nötigen Betrag expandieren kann, mussen die Dusenweiten von Stufe zu Stufe größer werden. Erhalt die erste Stufe volle Beaufschlagung, dann können die Düsen der folgenden in der Breite nicht größer gemacht werden, sondern nur in der Höhe. Daraus ergibt sich die Notwendigkeit, entsprechend die Laufschaufeln von Stufe zu Stufe zu verlangern. Das wäre eine Druckabstufung mit wachsender Schaufellange. Beaufschlagt man dagegen das erste Rad nur teilweise, dann müssen für die nachste Stufe zur Vergrößerung des Dampfdurchganges mehr Dusen im Zwischenboden angebracht werden. Die Höhe derselben bleibt dieselbe wie im ersten Satz, nur daß durch Vermehrung der Dusen die Beaufschlagung wächst und die Schaufeln des

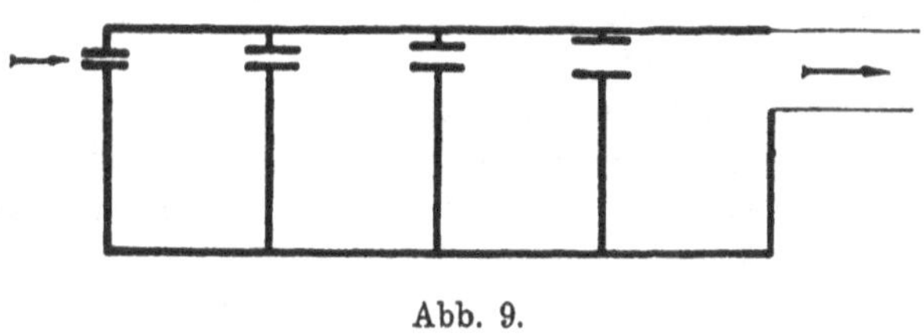

Abb. 9.

zweiten Rades dieselbe Lange behalten wie die des ersten. Auf diese Weise läßt sich die nötige Expansion von Stufe zu Stufe durch fortwahrende Vermehrung der Düsen oder, was dasselbe ist, durch wachsende Beaufschlagung erzielen und dabei gleich lange Schaufeln fur alle Räder. Man richtet die Turbine so ein, daß die letzte Stufe voll beaufschlagt wird. In diesem Falle hätte man eine Druckstufenturbine mit wachsender Beaufschlagung.

Die dritte Konstruktionsmöglichkeit ist die, daß die ersten Stufen teilweise, d. h. wachsende Beaufschlagung bei gleichbleibender Schaufellänge erhalten, die übrigen volle Beaufschlagung mit wachsender Schaufellänge.

In Abb. 9 ist die wachsende Beaufschlagung oder bei voller Beaufschlagung die wachsende Düsenhöhe durch Vergrößerung der einen gezeichneten Dampfdurchtrittsöffnung in jedem Boden für jede Druckstufe dargestellt.

§ 9.

Verbindung von Druck- und Geschwindigkeitsabstufung.

Sie ergibt sich ohne weiteres aus den Paragraphen 7 und 8. Eine Turbine mit beiden vereinigten Abstufungen erhält eine Anzahl Druckstufen und in jeder mehrere Geschwindigkeitsstufen Werden z. B. zweikranzige Räder vorgesehen, so verteilt sich die in den Düsen erzeugte Geschwindigkeit unter gleichbleibendem Druck auf zwei Laufkränze, deren jeder ¼ der Dampfgeschwindigkeit als Umfangsschnelligkeit aufnimmt.

Es gibt auch Turbinen, in denen auf ein oder mehrere mehrkränzige Räder einkränzige folgen. Für die mehrkränzigen Stufen muß dann eine um so höhere Geschwindigkeit erzeugt werden, je mehr Geschwindigkeitsstufen sie besitzen. Entsprechend sind die Druckgefälle und Düsendurchgänge einzurichten

§ 10.

Erläuterung des Begriffes der Aktionsturbine.

Die Aktionsturbine wird auch Gleichdruck- oder Druck- oder Freistrahlturbine genannt, weil, wie aus den Paragraphen 5—9 hervorgeht, der Druck vor den Schaufeln eines Laufrades derselbe ist wie hinter denselben, während die Geschwindigkeit sich fortwährend ändert.

Die Geschwindigkeit des Dampfes wird in feststehenden Düsen erzeugt.

Die Laufschaufeln bewegen sich mit der halben auf sie entfallenden Dampfgeschwindigkeit.

In den zwischen den Laufschaufeln einer mehrkränzigen Druckstufe sitzenden Umkehr- oder Leitschaufeln wird lediglich die Richtung des Dampfstrahles geändert, also weder sein Druck noch seine Geschwindigkeit.

Die Zwischenräume zwischen den Schaufeln sind, senkrecht zum durchgehenden Dampfstrahl gemessen, überall gleich weit und höchstens in der Mitte der Schaufeln etwas verengt.

§ 11.

Arbeitsvermögen des Dampfes infolge seiner Geschwindigkeit.

Soll eine Dampfmenge von z. B. 1 kg Gewicht und 10 kg absoluter Spannung in einer Lavaldüse auf 0,1 kg-Druck expandieren, dann wird ihr eine sekundliche Geschwindigkeit von rund 1170 m (siehe Tabelle I) erteilt. Ein Gesetz der Mechanik heißt: Die lebendige Kraft (oder das Arbeitsvermögen, beim Dampf die kinetische oder Strömungsenergie) ist gleich der halben Masse multipliziert mit dem Quadrate der Geschwindigkeit. Bezeichnet L das Arbeitsvermögen, m die Masse des Dampfes und v die Geschwindigkeit, so ist

$$L = \frac{m}{2} \cdot v^2.$$

Unter der Masse eines Körpers versteht man das Gewicht G desselben in kg, dividiert durch die Beschleunigung der Schwere g = 9,81 m. Also wird

$$m = \frac{G}{g} \text{ und}$$

$$L = \frac{G}{2g} \cdot v^2.$$

Die kinetische Energie unseres Dampfquantums von 1 kg Gewicht und 1170 Strahlgeschwindigkeit stellt sich auf

$$L = \frac{1}{2 \cdot 9{,}81} \cdot 1170 \cdot 1170 = \frac{1\,368\,900}{19{,}62}$$

$$= 69771 \text{ mkg (Meterkilogramm)},$$

d. h. auf eine Kraft, die imstande ist, 69771 kg 1 m hoch zu heben. Durchströmt das eine kg Dampf die Düsen in der Zeit von ¾ Minute = 45 Sekunden, so wird in der Sekunde bei voller Ausnutzung der Dampfgeschwindigkeit in einem Turbinenrade eine Arbeit von

$$\frac{69\,771}{45} = \backsim 1550 \text{ mkg geleistet oder}$$

1550 smkg (Sekundenmeterkilogramm).

75 smkg sind gleich einer Pferdestärke, oder diese kommt einer Kraft gleich, welche imstande ist, in der Zeiteinheit (Sekunde) eine Last von 75 kg 1 m hochzuheben. Demnach sind

$$1550 \text{ smkg gleich } \frac{1550}{75} = \backsim 21 \text{ PS (Pferdestärken)}.$$

Hätte das eine kg Dampf die Düsen in 30 Sekunden durchströmt, dann wären bei vollkommener Ausnutzung

$$\frac{69\,771}{30 \cdot 75} = \backsim 31 \text{ PS geleistet.}$$

Beispiel: Eine Turbine arbeitet mit Sattdampf von 12 kg absoluter Spannung und einem Vakuum von 90 % (d. h. 0,1 kg absolutem Kondensatordruck). Sie verbraucht stündlich 2520 kg Dampf. Wieviel PS müßte die Maschine bei vollkommener Dampfausnutzung leisten und wieviel Dampf verbaucht sie für die PS und Stunde?

Die in einem Düsensatz durch das ganze Druckgefälle von 12 auf 0,1 kg erzielbare Dampfgeschwindigkeit stellt sich auf rund 1200 m. Das Dampfgewicht G beträgt in der Stunde 2520 kg, in der Sekunde

$$G = \frac{2520}{3600} = 0{,}7 \text{ kg.}$$

Daraus errechnet sich die theoretische Turbinenleistung zu

$$L = \frac{G \cdot v^2}{2g \cdot 75} \text{ PS} = \frac{0{,}7 \cdot 1200 \cdot 1200}{2 \cdot 9{,}81 \cdot 75} = 685 \text{ PS}.$$

Der Dampfverbrauch für jede PS und Stunde beträgt

$$2520 : 685 = 3{,}68 \text{ kg}.$$

Bei den besten Turbinenausführungen sind unter Verwendung von trockenem Sattdampf bei dem oben angenommenen Druck und Vakuum Verbräuche von 5,2 kg Dampf für die Pferdekraftstunde festgestellt. Eine solche Turbine besäße demnach einen Wirkungsgrad von

$$\frac{3{,}68}{5{,}2} \cdot 100 = \backsim 71\,\%.$$

Tatsächlich gehen also von der dem Dampf innewohnenden Strömungsenergie 29 % im angegebenen Falle verloren. Die Ursache dieser Verluste wird in den folgenden Abschnitten näher erörtert.

Wäre im obigen Beispiel der Dampf auf 350 ° C überhitzt worden, der beim Gefälle auf 0,1 kg rund 1320 m Geschwindigkeit aufnimmt, so hätte dieser überhitzte Dampf eine Leistung von

$$L = \frac{0{,}7 \cdot 1320 \cdot 1320}{2 \cdot 9{,}81 \cdot 75} = 829 \text{ PS}$$

zustande gebracht oder 144 PS = 21 % mehr als der Sattdampf von gleicher Spannung.

Wenn auf einem Turbinenrade beispielsweise vier Geschwindigkeitsstufen angeordnet werden, so entzieht jede Stufe bei voller Ausnutzung dem Dampf ¼ seiner Geschwindigkeit und die eine leistet ebensoviel wie die andre, d. h. ¼ der Arbeit, welche der Dampfstrahl bei voller Ausnutzung an einen einzigen Schaufelkranz mit der vierfachen Umfangsgeschwindigkeit abgeben würde.

Greift man wieder auf die Dampfspannung von 12 kg zurück, die, auf 0,1 kg expandiert, eine Strahlgeschwindigkeit von 1200 m erreicht, dann ist das Arbeitsvermögen

$$L = \frac{G}{g} \cdot v^2.$$

Das Dampfgewicht G bleibt in der vierkränzigen Stufe ein und dasselbe, da es nacheinander jeden Schaufelkranz durchströmt. Auf jede Stufe entfallen 300 m Dampfgeschwindigkeit. Die Leistung der vier Stufen beträgt demnach

$$L = \frac{G \cdot (300 + 300 + 300 + 300)^2}{2g} = \frac{G \cdot 1200^2}{2g} = \frac{G}{2g} \cdot v^2.$$

§ 12.

Druckabstufung und die durch sie erzeugten Dampfgeschwindigkeiten.

a) Beziehungen zwischen Dampfgeschwindigkeit, Arbeitsleistung und Stufenzahl.

Bei der reinen Druckabstufung wird in jeder Stufe nicht ein Teil der durch das Gesamtdruckgefälle erzielten Geschwindigkeit verarbeitet, sondern von jedem Schaufelkranz die durch einen Teil des Druckgefälles erzeugte. Es wird die durch das gesamte Gefälle zu leistende Arbeit in eine Reihe voneinander unabhängiger Arbeiten zerlegt. Dagegen bildet bei der Geschwindigkeitsabstufung die Arbeit jedes Schaufelkranzes einen Teil der Gesamtarbeit eines und desselben Dampfstrahles. Bei der Druckabstufung wird die Arbeit einer bestimmten Dampfmenge

$$L = L_1 + L_2 + L_3 \text{ usw.},$$ je nach der Zahl der Druckstufen.

Die von jeder Stufe verarbeitete Dampfmenge ist ebenso wie bei der Geschwindigkeitsabstufung wieder ein und dieselbe. Es wird somit die Gesamtarbeit

$$L = \frac{G}{2g} . v^2,$$

worin v wieder die Strahlgeschwindigkeit bedeutet, welche in einem einzigen Düsensatz durch das ganze Druckgefälle erreicht wird. Die Arbeitsleistung der ersten Stufe stellt sich auf

$$L_1 = \frac{G}{2g} . v_1^2.$$

Darin ist v_1 die Geschwindigkeit, welche durch das auf diese Stufe entfallende Teildruckgefälle erzielt wird. Weiter leistet die zweite Stufe

$$L_2 = \frac{G}{2g} . v_2^2,$$

die dritte Stufe

$$L_3 = \frac{G}{2g} . v_3^2 \text{ usw.}$$

Die Gesamtarbeit L ist gleich der aller Stufen zusammen, bei 6 Stufen z. B.

$$L = L_1 + L_2 + L_3 + L_4 + L_5 + L_6, \text{ oder}$$

$$L = \frac{G}{2g} . v^2 = \frac{G}{2g} . v_1^2 + \frac{G}{2g} . v_2^2 + \frac{G}{2g} . v_3^2 + \frac{G}{2g} . v_4^2 + \frac{G}{2g} . v_5^2 + \frac{G}{2g} . v_6^2.$$

Klammert man $\frac{G}{2g}$ aus, so wird

$$\frac{G}{2g} . v^2 = \frac{G}{2g} (v_1^2 + v_2^2 + v_3^2 + v_4^2 + v_5^2 + v_6^2).$$

Man dividiert beide Seiten durch $\frac{G}{2g}$ und erhält

$$v^2 = v_1^2 + v_2^2 + v_3^2 + v_4^2 + v_5^2 + v_6^2,$$ d. h.

das Quadrat der durch das Gesamtdruckgefälle in einem einzigen Düsensatz erzeugten Dampfgeschwindigkeit ist bei Druckabstufung gleich der Summe der Quadrate der Geschwindigkeiten in den einzelnen Druckstufen.

Beispiel: Das Druckgefälle von 12 auf 0,1 kg soll in 6 Stufen zerlegt und in jeder von ihnen die gleiche Dampfgeschwindigkeit erzeugt werden. Wie groß ist dieselbe in jeder Stufe?

Da die Dampfgeschwindigkeiten in den 6 Stufen gleich werden sollen, so ist $v_1 = v_2 = v_3 = v_4 = v_5 = v_6$.

Die durch das Gesamtdruckgefälle von 12 auf 0,1 kg in einem einzigen Düsensatz erzielbare Schnelligkeit v beträgt 1200 m.

Nun wird $v^2 = 6 \cdot v_1^2 = 1200 \cdot 1200 = 1\,440\,000$

$$v_1^2 = \frac{v^2}{6} = \frac{1\,440\,000}{6} = 240\,000$$

$$v_1 = \sqrt{240\,000} = \backsim 490 \text{ m.}$$

In jeder Druckstufe wird also eine Dampfgeschwindigkeit von 490 m erreicht, in allen 6 Stufen zusammen 2940 m. Diese leisten aber nicht mehr Arbeit als die 1200 m einer einzigen Druckstufe, weil die Leistung vom Quadrate der Geschwindigkeit abhängig ist; und $1200^2 = 6 \cdot 490^2$.

b) Vergleich zwischen Geschwindigkeits- und Druckabstufung. Vorteile und Nachteile beider Systeme.

Durch Geschwindigkeitsabstufung kann die Schaufelgeschwindigkeit in einem vierkränzigen Rade auf $\frac{1200}{2 \cdot 4} = 150$ m ermäßigt werden, während dieselbe bei Druckabstufung in 6 Stufen noch $\frac{490}{2} = 245$ m beträgt. Um auf die Umfangsgeschwindigkeit des vierkränzigen Rades zu kommen, müßten noch mehr Druckstufen angewendet werden. Die Zahl derselben errechnet sich folgendermaßen: Die verlangte Schaufelgeschwindigkeit beträgt 150 m, die Dampfgeschwindigkeit für eine Druckstufe $2 \cdot 150 = 300$ m. Die in einer einzigen Stufe durch das ganze Druckgefälle von 12 auf 0,1 kg erzielte Geschwindigkeit stellt sich auf 1200 m. Die gesuchte Stufenzahl ist

$$v^2 = n \cdot v_1^2.$$

Daraus

$$n = \frac{v^2}{v_1^2} = \frac{1200^2}{300^2}$$

$$= \frac{1\,440\,000}{90\,000} = 16 \text{ Stufen!}$$

Statt vier Geschwindigkeitsstufen sind 16 Druckstufen erforderlich, um auf dieselbe Schaufelgeschwindigkeit von 150 m zu kommen. Daraus folgt der Satz:

Für gleiche Schaufelgeschwindigkeit erfordert die reine Druckabstufung eine Stufenzahl, welche das Quadrat der Stufenzahl reiner Geschwindigkeitsabstufung bildet.

Nach der Formel in § 7 ist x, die gesuchte Dampfgeschwindigkeit einer Geschwindigkeitsstufe, gleich der ganzen Dampfgeschwindigkeit, dividiert durch die Stufenzahl oder

$$x = \frac{v}{n}.$$

Für reine Druckabstufung war (x für v_1 eingesetzt) nach der oben entwickelten Formel:

$$v^2 = n \cdot x^2.$$

Daraus
$$x^2 = \frac{v^2}{n}.$$

Aus beiden Seiten die Quadratwurzel gezogen:
$$x = \frac{v}{\sqrt{n}}.$$

Die Ausführungen zeigen, daß bei reiner Geschwindigkeitsabstufung die Turbine erheblich viel kürzer, einfacher, leichter und übersichtlicher wird als bei reiner Druckabstufung. Statt eines einzigen Rades mit z. B. 5 Geschwindigkeitsstufen bedürfte es nicht weniger als 5 . 5 = 25 Druckstufen bei gleicher Umfangsgeschwindigkeit. Es muß also ein sehr langes und schweres Gehäuse aufgeboten werden, darin 25 dampfdichte Kammern, 25 Düsensätze und 25 Laufräder mit Schaufelkränzen. Ferner müßte das Gehäuse besonders in den vorderen Stufen sehr kräftig ausgeführt werden, um den dort herrschenden hohen Dampfspannungen zu widerstehen, wogegen das Gehäuse der Turbine mit den 5 Geschwindigkeitsstufen nur die Kondensatorspannung wie in der 25. Stufe der Druckstufenturbine auszuhalten hat. Trotz ihrer bestechenden Vorzüge hat die Geschwindigkeitsabstufung aber schwerwiegende Nachteile. Diese bestehen in erster Linie in Reibungsverlusten des Dampfstrahles, welche in den Lauf- und Leitschaufeln verursacht werden und einen erheblichen Teil der Geschwindigkeit aufzehren Die Reibung ist um so größer, je höher die Strahlgeschwindigkeit liegt; im ersten Leitkranz wird sie also immer am größten sein. Aber ebensoviel verliert der Dampf in den Laufschaufeln durch Reibung an Energie. Betrachtet man wieder das vierkränzige Rad, durch dessen ersten Kranz der Dampf mit 900 m uberschüssiger Geschwindigkeit strömt, da er von seinen 1200 m nur 300 m abgibt, so wird hier eine ebenso große Reibung auftreten wie in dem mit derselben Schnelligkeit durcheilten ersten Leitkranz. Im zweiten Laufkranz sind noch 600 m, im dritten 300 m mehr Geschwindigkeit vorhanden als der Schaufelgeschwindigkeit entsprechen, und erst den letzten Laufkranz wird der Dampf fast reibungsfrei passieren. Darin liegt besonders die Ursache, die der günstigen Dampfausnutzung bei reiner Geschwindigkeitsabstufung entgegensteht.

Die bei reiner Druckabstufung vornehmlich auftretenden Verluste sind solche durch Reibung in den vielen Düsensätzen, Reibung der vielen Räder im umgebenden Dampf, besonders in den ersten Stufen, wo er noch große Dichte besitzt. Das verlängerte Gehäuse gibt bei dem erheblichen Ueberdruck der ersten Stufen Anlaß zu Wärmeausstrahlung, welche die Dampfenergie vermindert. Bei partieller Beaufschlagung treten Ventilationsverluste auf, verursacht von den nicht beaufschlagten Schaufeln in dem umgebenden Dampf. Sie sind um so größer, je geringer die Beaufschlagung und je dichter der Dampf ist, also besonders wieder in den ersten Stufen. Bei reiner Geschwindigkeitsabstufung ist dieser Verlust sehr gering, da der den Düsen entströmende Dampf ja nur Kondensatorspannung besitzt.

Alle diese Verluste bei reiner Druckabstufung sind aber längst nicht so erheblich wie die der reinen Geschwindigkeitsabstufung. Bei hoher Schaufelschnelligkeit ist deshalb infolge geringer Stufenzahl die Druckabstufung vorherrschend (Zoelly- und Rateauturbine, vorwiegend auch in der AEG-Curtis-Turbine). Bei niedriger Schaufelgeschwindigkeit, wie sie der Schraubenantrieb von Schiffen verlangt, vereinigt man beide Konstruktionen wenigstens im Hochdruckteil miteinander, indem man jeder Druckstufe mehrere Geschwindigkeitsstufen gibt (AEG- und Vulkan-Turbine).

Beispiel: Dampf von 12 kg Spannung soll in vier Druckstufen bis auf einen Kondensatordruck von 0,1 kg ausgenutzt werden. Wie hoch stellt sich die Schaufelgeschwindigkeit, wenn jede Druckstufe zwei Geschwindigkeitsstufen erhält?

Die Dampfgeschwindigkeit in einer Druckstufe beträgt

$$x = \frac{v}{\sqrt{n}} = \frac{1200}{\sqrt{4}} = \frac{1200}{2} = 600 \text{ m.}$$

Auf jede Geschwindigkeitsstufe entfallen $\frac{600}{2} = 300$ m; daraus die Schaufelschnelligkeit $\frac{300}{2} = 150$ m.

c) Druckgefälle und Dampfgeschwindigkeit.

Man könnte annehmen, daß z. B. bei sechs geforderten Druckstufen zur Erzeugung gleicher Stufengeschwindigkeit das Druckgefälle bei 12 kg Gebrauchsspannung in den Düsen auch gleichmäßig, d. i. auf $\frac{12}{6} = 2$ kg eingestellt werden muß, für die erste Stufe also von 12 auf 10 kg, fur die zweite von 10 auf 8 kg usw. Das ist nicht der Fall. So ist beispielsweise aus Tabelle I ersichtlich, daß, wenn Dampf von 12 auf 0,1 kg in zwei Stufen ausgenutzt werden soll, in der ersten Stufe ein Expansionssprung von 12 auf 1,9, gleich **10,1** kg, in der zweiten dagegen nur ein solcher von 1,9 auf 0,1, gleich **1,8** kg zur Erzielung gleicher Stufengeschwindigkeit erforderlich ist. Im Verhältnis zum Druck wohnt dem niedriggespannten Dampf nämlich eine viel höhere kinetische Energie inne als dem hochgespannten! Ferner erzeugt in den höheren Drucklagen, z. B. von 14 kg aufwärts, eine Druckerhöhung von Kilogramm zu Kilogramm eine nur unwesentlich höhere Dampfgeschwindigkeit. Daraus geht hervor, daß die Hauptleistungen der Turbine auf das Niederdruckgebiet entfallen und Eintrittsdrucke von 14 und mehr kg die Leistung der Maschine nur noch wenig beeinflussen. Man wird bei Verwendung von Turbinen daher vielfach geringere Gebrauchsspannungen finden als bei Kolbenmaschinen. Weiter ergibt sich für den Turbinenbetrieb daraus als erstes Erfordernis zur Erzielung höchster Wirtschaftlichkeit die Anwendung hoher Luftleere im Kondensator, um die Expansion und Geschwindigkeitsgewinnung möglichst weit treiben zu können. Eine Vermehrung des Vakuums von 90 auf 95% verbessert die Oekonomie der Turbine um fast 10%, während die Kolbenmaschine dabei höchstens 2% gewinnt. Man verzichtet hier lieber auf die hohe Luftleere, um ein wärmeres Kondensat zu erhalten, das den Verlust wieder aufwiegt.

Ein annähernd richtiges Bild von der Druckabstufung in der Turbine, gleiche Dampfgeschwindigkeit für jede Stufe vorausgesetzt, gewinnt man durch die Formel

$$x = 100\left(\sqrt[n]{\frac{p}{p_0}} - 1\right)$$

n bedeutet darin die Anzahl der Stufen, p den Anfangs-, p_0 den **Auspuffdruck** und x den Prozentsatz, um den der Druck vom Auspuffdruck an Stufe für Stufe anwachsen muß.

Beispiel: Es sollen fur die in § 12 erwähnte Turbine mit sechs Druckstufen, 12 kg Eintritts- und 0,1 kg Auspuffdruck die Druckgefälle gefunden werden.

$n = 6,\ p = 12 \text{ kg},\ p_0 = 0{,}1 \text{ kg}.$

$$x = 100 \left(\sqrt[6]{\frac{12}{0{,}1}} - 1 \right).$$

Es ist $\log \sqrt[6]{\frac{12}{0{,}1}} = \log \sqrt[6]{120} = \frac{1}{6} \log 120$

$$\log 120 = 2{,}07918$$

$$\frac{1}{6} \, . \log 120 = 0{,}34653$$

$$\sqrt[6]{120} = 2{,}221 \quad \text{eingesetzt}$$

$$x = 100\,(2{,}221 - 1) = 100 \, . \, 1{,}221 = 122{,}1.$$

Um diese 122,1 % muß der Druck von Stufe zu Stufe anwachsen, um in jeder die in § 12 errechnete Dampfgeschwindigkeit von rund 490 m zu erzeugen. In der letzten Stufe beträgt die Spannung $p_6 = 0{,}1$ kg, in der vorhergehenden, der fünften, demnach

$$p_5 = 0{,}1 + \frac{0{,}1 \, . \, 122{,}1}{100} = 0{,}1 + 0{,}1221 = 0{,}2221 \text{ kg}.$$

Von der fünften zur vierten Stufe muß der Druck wieder um 122,1 % wachsen. Er beträgt in der vierten

$$p_4 = 0{,}2221 + \frac{0{,}2221 \, . \, 122{,}1}{100} = 0{,}2221 + 0{,}2712 = 0{,}4933 \text{ kg}.$$

Weiter ist $p_3 = 0{,}4933 + \frac{0{,}4933 \, . \, 122{,}1}{100} = 0{,}4933 + 0{,}6023 = 1{,}0956$ kg.

Ferner erhält man:

$$p_2 = 2{,}4333 \text{ kg}$$
$$p_1 = 5{,}4044 \text{ kg}.$$

Zur Revision ermittelt man zuletzt den Eintrittsdruck:

$$p = 5{,}4044 + \frac{5{,}4044 \, . \, 122{,}1}{100} = 5{,}4044 + 6{,}5988 = 12{,}0032 \text{ kg}.$$

Daraus geht hervor, daß die Rechnung richtig durchgefuhrt ist.

Die einzelnen Stufendrucke stellen sich also auf:

$$p_1 = 5{,}4 \text{ kg}$$
$$p_2 = 2{,}4 \text{ kg}$$
$$p_3 = 1{,}1 \text{ kg}$$
$$p_4 = 0{,}49 \text{ kg}$$
$$p_5 = 0{,}22 \text{ kg}$$
$$p_6 = 0{,}10 \text{ kg}.$$

Im ersten Düsensatz muß der Druck von 12 auf 5,4 kg expandieren, im zweiten von 5,4 auf 2,4 kg usw. Betrachtet man das Druckgefälle der einzelnen Stufen, so stellt sich der Düsenenddruck immer auf $\frac{5,4}{12} = 0,45$ des Anfangsdruckes. Dasselbe ergibt sich nämlich auch für die andern Stufen, denn $\frac{2,4}{5,4} = \backsim 0,45$ usw. Das Druckgefälle in dieser Turbine auf 0,45 des Düsenanfangsdruckes unterschreitet das kritische von 0,577, und es müssen zur Erzielung höchster Dampfgeschwindigkeit Lavaldüsen angewendet werden. Das geht zur Genüge auch schon aus der in § 12 durchgeführten Rechnung hervor, die rund 490 m Strahlgeschwindigkeit ergab, d. h. 40 m mehr, als mit zylindrischen oder konisch verengten Düsen erzielbar ist.

§ 13.

Berechnung der Düsenquerschnitte.

Für zylindrische oder konisch verengte Düsen wird der Querschnitt für die engste Stelle, bei Lavaldüsen dagegen sowohl für die engste Stelle (Einschnürung) wie für die Mündung berechnet. Für letztere kommt der Querschnitt senkrecht zur Düsenachse und zum Dampfstrahl und nicht etwa die durch die im spitzen Winkel erfolgte Abschrägung in Betracht.

a) Querschnitte der parallelwandigen (zylindrischen oder prismatischen) und konisch verengten Düsen.

Sie finden Verwendung, wenn das kritische Gefälle nicht erreicht wird. d. h. für Dampfgeschwindigkeiten unter 450 m.

Wenn man die aus den Düsen einer Druckstufe tretenden Dampfstrahlen betrachtet, so haben alle gleiche Geschwindigkeit. Man kann sich also alle zu einem einzigen starken Strahl vereinigt denken. In einer Sekunde strömt ein Strahl heraus, der im Querschnitt dem der Düsen zusammengenommen entspricht und eine Länge besitzt, die gleich der Dampfgeschwindigkeit ist. Angenommen die Düsen haben einen Gesamtquerschnitt von 2000 qmm (Quadratmillimeter) oder 0,002 qm; der Dampfstrahl (der ein langes Prisma bildet) erreiche eine Schnelligkeit von 400 m in der Sekunde. Der Inhalt des Strahles stellt sich auf

$$400 \,.\, 0,002 = 0,8 \text{ cbm (Kubikmeter)},$$

denn 2000 qmm = 0,002 qm.

0,8 cbm Dampf von der Spannung der betreffenden Druckstufe strömen nun in der Sekunde durch den Düsenquerschnitt von 2000 qmm. Die von einer Turbine verarbeitete Dampfmenge wird in der Praxis nicht im Raummaß (cbm), sondern im Gewichtsmaß, in kg angegeben und zwar in kg pro Stunde. Soll die berechnete Dampfmenge von 0,8 cbm in der Sekunde auf Gewicht pro Stunde umgerechnet werden, dann muß der Stufendruck, d. h. der Druck bekannt sein, mit dem der Dampf die Düsen verläßt. Für das Beispiel sei er zu 2,5 kg angenommen. 0,8 cbm Dampf von dieser Spannung fließen in der Sekunde aus, in der Stunde daher

$$3600 \,.\, 0,8 = 2880 \text{ cbm}.$$

1 cbm Sattdampf hat bei bestimmter Spannung nach Tabelle II ein ganz bestimmtes Gewicht, welches um so größer ist, je höher die Spannung; denn bei hohem Druck sind mehr Dampfmolekule in 1 cbm zusammengedrängt als bei niedrigem. 1 cbm Dampf von 2,5 kg absoluter Spannung wiegt 1,3905 kg, 2880 cbm, welche die Stufe, wie errechnet, in einer Stunde verarbeitet, demnach

$$2880 \,.\, 1{,}3905 = 4004{,}64 \text{ kg.}$$

Fur die Berechnung des Querschnitts der Düsen einer Druckstufe müssen bekannt sein:

1. das stündlich zu verarbeitende Dampfgewicht,
2. das Druckgefälle in den Düsen,
3. die Ausflußgeschwindigkeit.

Oben war ausgeführt, daß das Dampfvolumen pro Sekunde gleich der Dampfgeschwindigkeit mal dem Düsenquerschnitt ist.

Daraus:

$$\text{Düsenquerschnitt} = \frac{\text{Dampfvolumen pro Sekunde}}{\text{Dampfgeschwindigkeit}}$$

$$\text{Dampfvolumen pro Sekunde} = \frac{\text{Dampfgewicht pro Sekunde}}{\text{Gewicht von 1 cbm dieses Dampfes}}$$

Somit:

$$\text{Düsenquerschnitt} = \frac{\text{Dampfgewicht pro Sekunde}}{\text{Dampfgeschwindigkeit} \times \text{Gewicht von 1 cbm des ausströmenden Dampfes.}}$$

Nun sei der Düsenquerschnitt = Q,
das pro Sekunde durch die Düsen strömende Dampfgewicht = G,
das Gewicht von 1 cbm des aus den Düsen strömenden Dampfes = Gp
und die Dampfgeschwindigkeit = v.

Eingesetzt:

$$Q = \frac{G}{Gp \,.\, v} \text{ in qm.}$$

Beispiel: Eine Turbine verarbeitet in der Stunde 25 200 kg Dampf. In den Düsen einer Druckstufe wird durch ein Druckgefälle von 6 auf 4 kg Spannung eine Dampfgeschwindigkeit von 380 m erzielt. Wie groß muß der Düsenquerschnitt werden?

$$G = \frac{25\,200}{3\,600} = 7 \text{ kg pro Sekunde}$$

$$v = 380 \text{ m.}$$

$$\text{Gp für 4 kg aus Tabelle II} = 2{,}1625 \text{ kg.}$$

$$Q = \frac{G}{Gp \,.\, v} = \frac{7}{380 \,.\, 2{,}1625} = \frac{7}{831{,}75}$$

$$= 0{,}00852 \text{ qm} = 8520 \text{ qmm.}$$

Beträgt die Schaufelhöhe dieser Druckstufe 30 mm, also auch die Düsenhöhe, und erhält jede Düse im Durchschnitt eine Breite von 26 mm, so ist der Strahlquerschnitt 30 . 26 = 780 qmm und es wären

$$\frac{8520}{780} = \backsim 11 \text{ solcher Düsen erforderlich.}$$

b) Berechnung der Querschnitte der Lavaldüsen.

Lavaldüsen finden Verwendung, wenn der Druckabfall einer Stufe den kritischen Druck unterschreitet, also Dampfgeschwindigkeiten von mehr als 450 m erreicht werden sollen.

Es ist zu berechnen:

1. der Durchlaßquerschnitt in der Einschnürung,
2. der Mündungsquerschnitt senkrecht zur Düsenachse.

Auf 2 trifft ohne weiteres wieder die Berechnung analog den Düsen mit Parallelwänden zu. Bezüglich des Querschnittes der Einschnürung ist in § 3 erklärt, daß der Eintrittsdruck an dieser Stelle auf 0,75 p sinkt und hier eine Dampfgeschwindigkeit von etwa 325 m herrscht.

Beispiel: In § 12 c sind die Stufendrucke einer sechsstufigen Turbine errechnet. Es sind unter Annahme eines stündlichen Dampfverbrauches von 27 000 kg die Düsendurchgänge aller Stufen zu errechnen.

Die Drucke sind:

Eintrittsdruck = 12, $p_1 = 5{,}4$, $p_2 = 2{,}4$, $p_3 = 1{,}1$, $p_4 = 0{,}49$, $p_5 = 0{,}22$ und $p_6 = 0{,}1$ kg pro qcm.

Dampfgewicht pro Sekunde $= \frac{27\,000}{3\,600} = 7{,}5$ kg.

Dampfgeschwindigkeit in jeder Stufe = 490 m, in den Einschnurungen 325 m.

1. a) Einschnürungsquerschnitt der Düsen in der ersten Stufe zusammen:

$$Q = \frac{G}{Gp \,.\, v.}$$

G = 7,5 kg pro Sekunde, v = 325 m.

Der Düseneintrittsdruck = 12 kg, in der Einschnüıung 12 . 0,75 = 9 kg.

Gp für 9 kg pro qcm = 4,6289 kg.

Eingesetzt: $Q = \frac{7{,}5}{325 \,.\, 4{,}6289} = 0{,}004985$ qm = 4985 qmm.

1. b) Mündungsquerschnitt der Düsen in der ersten Stufe zusammen:

G = 7,5 kg, v = 490 m.

Düsenaustrittsdruck = 5,4 kg, Gp daher = ∽ 2,865 kg.

Eingesetzt: $Q = \frac{7{,}5}{490 \,.\, 2{,}865} = 0{,}005342$ qm = 5342 qmm.

Der Querschnitt der Düseneinschnurung betrug 4985 qmm. Aus der Vergrößerung des Querschnittes um 5342 — 4985 = 357 qmm = ∽ 7 % geht hervor, daß die Düsen nur schwach konisch geformt werden müssen. Es rührt daher, daß das kritische Druckgefälle nicht sehr weit unterschritten wird, infolgedessen auch die zu erzeugende Geschwindigkeit nicht weit über die kritische von 450 m zu steigern ist.

2. a) Einschnürungsquerschnitt der Düsen für die zweite Druckstufe:

G = 7,5 kg, v = 325 m, Einschnürungsdruck = 5,4 . 0,75 = 4,05 kg.

Gp für diese Spannung = 2,188 kg.

$$Q = \frac{7{,}5}{325 \,.\, 2{,}188} = 0{,}010547 \text{ qm} = 10\,547 \text{ qmm}.$$

2\. b) Mündungsquerschnitt der Düsen für die zweite Druckstufe:

$G = 7{,}5$ kg, $v = 490$ m, Mündungsdruck 2,4 kg, daher Gp = 1,3385 kg.

$$Q = \frac{7{,}5}{490 \,.\, 1{,}3385} = 0{,}011435 \text{ qm} = 11\,435 \text{ qmm}.$$

So errechnen sich weiter die Querschnitte in der dritten Stufe:

22 600 und 23 800 qmm.

Vierte Stufe: 47 100 und 51 000 qmm,

fünfte Stufe: 100 300 und 109 300 qmm.

sechste Stufe: 215 700 und 230 000 qmm.

In der letzten Stufe ist der Dusenquerschnitt gegenüber der ersten rund um das 43 fache zu steigern.

§ 14.

Länge der Schaufeln in einer Druckstufe mit Geschwindigkeitsabstufung.

Abb. 8 zeigt ein vierkränziges Aktionsrad oder ein Rad mit vier Geschwindigkeitsstufen. Die Schaufeln wachsen vom Dampfeintritt an von Kranz zu Kranz. Die des dritten Kranzes sind schon etwa doppelt so lang wie die der ersten Geschwindigkeitsstufe. Weshalb?

Weil die Geschwindigkeit des Dampfes von Laufkranz zu Laufkranz abnimmt!

In der Sekunde muß durch jede Geschwindigkeitsstufe die gleiche Dampfmenge hindurch. Angenommen, der Dampf kommt mit 800 m aus den Düsen heraus und wird in den vier Stufen voll ausgenutzt, dann verläßt er den letzten Kranz mit der Geschwindigkeit 0. An jede Stufe werden, da vier vorhanden sind, 200 m abgegeben (Schaufelgeschwindigkeit also 100 m). Die Dichtigkeit des Dampfes ist in allen Stufen dieselbe. Strömt nun Dampf von bestimmter Spannung durch eine Oeffnung mit z. B. 400 m Geschwindigkeit, dann tritt aus dem Austrittsquerschnitt der Oeffnung in der Sekunde ein Strahl von 400 m Länge heraus. In diesem Strahl ist eine ganz bestimmte Menge von Dampfmolekülen enthalten. Besitzt der Dampf nun dieselbe Spannung wie oben, aber nur die halbe Schnelligkeit, d. h. 200 m, dann strömt aus demselben Querschnitt in der Sekunde nur die halbe Menge der Moleküle wie im vorigen Falle. Man müßte den Durchlaßquerschnitt oder den Querschnitt des Strahles also verdoppeln, wollte man auf dieselbe Sekundenmenge an durchgelassenen Dampfteilchen kommen; denn was dem Strahl an Länge fehlt infolge verminderter Geschwindigkeit, muß durch entsprechende Vergrößerung des Durchlaßquerschnittes ersetzt werden.

In die erste Stufe des vierkränzigen Rades tritt der Dampf mit 800 m Schnelligkeit ein, in die zweite mit nur 600 m. Der Durchlaßquerschnitt fur den Strahl in der zweiten Laufstufe muß um das $\frac{800}{600} = 1\frac{1}{3}$ fache vergrößert werden. Sind die Schaufeln der ersten Stufe z. B. 24 mm lang, dann müssen bei gleicher Querschnittsform und gleichem Abstande die der zweiten $24 \,.\, 1\frac{1}{3} = 32$ mm lang werden. In der dritten

Stufe ist die Dampfgeschwindigkeit nur noch halb so groß wie in der ersten. Sie erfordert den doppelten Dampfdurchlaßquerschnitt wie letztere und um den nötigen Ringquerschnitt herzustellen, müssen die Schaufeln die doppelte Länge der ersten erhalten, d. h. 48 mm. In der vierten Stufe wäre man infolge der auf ¼ gesunkenen Dampfgeschwindigkeit genötigt, die vierfache Schaufellänge der ersten, 96 mm, anzuwenden. Diese Ausfuhrung findet man in der Praxis gewöhnlich nicht. Wie schon in § 7 ausgeführt, kann bei Geschwindigkeitsabstufung in den Stufen, welche der Dampf mit uberschussiger Schnelligkeit durchströmt (in der ersten also am meisten), der Schaufelrucken in der Mitte verstärkt werden, weil sich der Strahl hier zusammendrängt und sich infolge seiner Schnelligkeit sonst vom Rucken der nachfolgenden Schaufel löst. Durch die Verstarkung entstehen kraftige Schaufeln und sie wird für den ersten Laufkranz am kraftigsten ausfallen, im letzten dagegen gleich 0 sein. Um nun hier nicht zu lange Schaufeln zu erhalten, schwacht man sie noch weiter im Querschnitt, macht damit die Lucken, welche der Dampf passieren muß, größer und kann die Länge entsprechend verkleinern. Aus Abb. 8 ist diese Bauweise deutlich ersichtlich. Auch die Schaufelzahl kann dabei hinreichend vermehrt werden, um den Dampfmolekülen genugend Druckflache zur Abgabe von Energie zu bieten.

IV. Abschnitt.

Die Reaktionsturbine.

§ 15.

Begriff der Reaktion. Dampf- und Umfangsgeschwindigkeit.

Schon vor 2000 Jahren war Aegyptern und Griechen eine Dampfturbine bekannt, die Aeolipile. Sie besteht aus einem zylindrischen oder kugelförmigen Behälter,

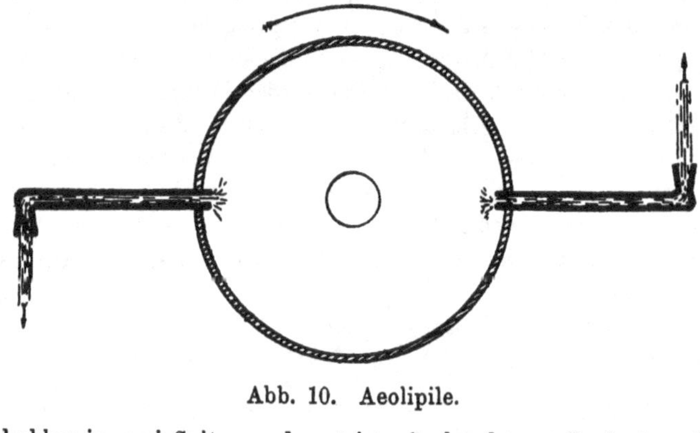

Abb. 10. Aeolipile.

der leicht drehbar in zwei Spitzen gelagert ist. Senkrecht zur Drehachse sind am Umfang ein paar Rohre mit umgebogenen Enden angesetzt. In der Drehung tangieren diese Enden den beschriebenen Kreis. Das Gefäß wird nicht ganz mit Wasser gefüllt und angeheizt. Der sich bildende Dampf strömt durch die angesetzten Rohre und bringt die Vorrichtung zum Drehen (Abb. 10). Hält man sie fest, führt die umgebogenen Rohrenden als Lavaldüsen aus, erzeugt im Behälter einen Dampfdruck von 12 kg und um denselben herum ein Vakuum von 90 %, dann wird der Dampf in der gezeichneten Richtung mit einer Geschwindigkeit von rund 1200 m in der Sekunde ausströmen. Wenn die Düsenmündungen geschlossen werden, so herrscht in den Rohren überall der gleiche Druck wie im Gefäß. Werden die Düsen aber geöffnet, dann erniedrigt sich die Spannung an den Düsenmündungen auf den die Vorrichtung umgebenden Kondensatordruck, während entgegengesetzt zur Richtung des Strahles nach dem Rohrinnern auf den den Düsen gegenüberliegenden Wandteil der volle Gefäßdruck weiterwirkt. Nach dieser Seite, entgegengesetzt zum austretenden Strahl, herrscht also ein Ueberdruck, der die Aeolipile zum Drehen bringt, wenn sie losgelassen wird, und zwar nach dieser Ueberdruckseite zu.

Soll der Dampf Geschwindigkeit aufnehmen, so muß er naturgemäß wie jeder andre Körper einen Abstoß erhalten. Das geschieht durch Expansion, indem dicht beieinander liegende Dampfmoleküle (hochgespannter Dampf) dünner verteilte (also von niedrigerer Spannung) vor sich hertreiben. Die umgebenden Wandungen (bei der Aeolipile die konischen der Düsen und die diesen gegenüberliegenden Wandteile in den Rohrbiegungen) dienen bei diesem Vorgang als Widerlager. Wird die Aeolipile festgehalten, dann muß sich der Dampf in Bewegung setzen. Gibt das Widerlager aber voll nach (also die Aeolipile mit den festverbundenen Rohren und Düsen), so dreht sich dasselbe und der aus den Düsen tretende Dampf bleibt bewegungslos. Die Düsen schieben sich über den Dampf hinweg, und zwar mit derselben Schnelligkeit, die der Dampf beim Festhalten der Vorrichtung, nach außen strömend, angenommen hätte. Den Rückdruck oder Rückschub, den der Dampf in diesem Falle ausübt und dadurch einen Körper in Bewegung setzt, nennt man Reaktion.

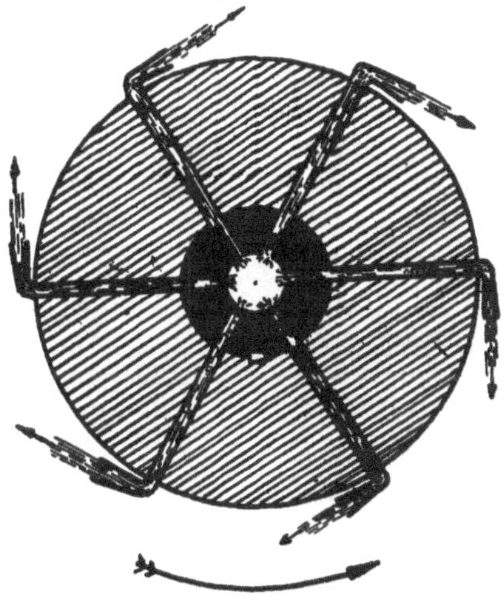

Abb. 11. Reine Reaktionsturbine.

Dieselbe Wirkung wird erzielt, wenn man den Rand einer drehbar gelagerten Stahlscheibe wie in Abb. 11 mit Düsen besetzt und ihnen von der hohlen Welle aus Dampf zuführt. Wird die Geschwindigkeit desselben voll ausgenutzt, dann müssen die Düsen die ganze Schnelligkeit des Dampfes aufnehmen. Bei dem oben angenommenen Druckgefälle von 12 auf 0,1 kg müßte das Rad mit einer Umfangsgeschwindigkeit von 1200 m in der Sekunde laufen, d. h. der doppelten, welche eine einstufige Aktionsturbine zur Ausnützung derselben Dampfgeschwindigkeit bedarf. Die einstufige Reaktionsturbine ist daher noch weniger brauchbar als die gleiche Aktionsturbine.

Aus der Darstellung erhellt, daß die Geschwindigkeitserzeugung in der Reaktionsturbine im beweglichen Teile der Maschine vor sich geht und die aus der Expansion gewonnene Dampfgeschwindigkeit als Strahl überhaupt nicht in die Erscheinung tritt. Die Dampfgeschwindigkeit setzt sich vielmehr unmittelbar in die Drehschnelligkeit des Körpers um. Von einer Verminderung derselben durch Geschwindigkeitsabstufung kann infolgedessen keine Rede sein. Dazu ist die reine Druckabstufung der gegebene Weg. In § 12 b war auseinandergesetzt, daß reine Druckabstufung in der Aktionsturbine eine erhebliche Stufenzahl verlangt, um auf brauchbare Schaufelgeschwindigkeit zu kommen. In noch größerem Maße ist das bei der Reaktionsturbine der Fall, welche die vierfache Stufenzahl wie die der Aktionsturbine erhalten müßte, gleiche Schaufelgeschwindigkeit und gleiches Gesamtdruckgefälle vorausgesetzt. Große Stufenzahl ist infolgedessen das Kennzeichen der Reaktionsturbine.

Beispiel: Eine Aktionsturbine soll bei reiner Druckabstufung mit 120 m Schaufelgeschwindigkeit arbeiten. Eintrittsdruck 12 kg absolut, Vakuum 90 %. Wieviele Stufen muß sie erhalten und wieviele eine Reaktionsturbine unter den gleichen Bedingungen?

Dampfgeschwindigkeit des gesamten Druckgefalles v = 1200 m. Dampfgeschwindigkeit einer Druckstufe x = 120 . 2 = 240 m.

Die Stufenzahl für die Aktionsturbine ist

$$n = \frac{1200^2}{240^2} = \frac{1\,440\,000}{57\,600} = 25.$$

In der Reaktionsturbine ist die Dampfgeschwindigkeit einer Stufe gleich der Schaufelschnelligkeit, also x = 120 m. Daraus die Stufenzahl:

$$n = \frac{1200^2}{120^2} = \frac{1\,440\,000}{14\,400} = 100!$$

§ 16.

Die gebräuchlichen Reaktionsturbinen.

a) Die Parsonsturbine.

Die Entwicklung der bis 1912 fast allein gebräuchlichen Reaktionsturbine ist mit dem Namen ihres Erfinders, des Engländers Charles Parsons, aufs engste verknüpft. Sie ist diejenige Turbine, welche im Schiffbau unter ihresgleichen eine beherrschende Stellung einnimmt.

Die Parsonsturbine arbeitet höchstens mit 50 % Reaktion, indem nur die eine Hälfte des auf eine Druckstufe entfallenden Druckgefälles im laufenden Teil expandiert und Dampfgeschwindigkeit erzeugt. Die Expansion des übrigen Teiles der Dampfspannung vollzieht sich wie bei der Aktionsturbine im feststehenden Gehäuse. Infolge dieser Anordnung vermindert sich die Stufenzahl gegenüber reiner Reaktion um die

Hälfte und beträgt nur noch das Doppelte gegenüber der Aktion mit reiner Druckabstufung, wenn 50 % Reaktion angewendet werden.

Die Parsonsturbine besteht aus einem zylindrischen Gehäuse, welches im Innern mit einer großen Zahl voller Leitschaufelkränze besetzt ist. Auf der Welle sitzt eine mit der gleichen Zahl von Laufschaufelkränzen ausgestattete Trommel. Der Dampf tritt erst in einen Leitkranz ein, in welchem ihm durch Expansion Geschwindigkeit erteilt wird. Die Schaufeldurchgänge treten hier an die Stelle von Düsen. Eine Leitschaufel bildet mit der folgenden immer eine Düse. Wenn die Laufschaufeln nun wie in der Aktionsturbine gleichmäßige Durchgänge erhielten, so würde vor wie

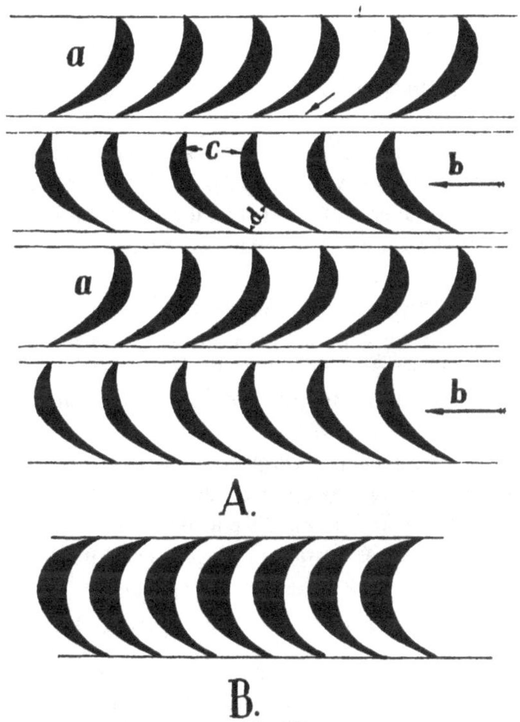

Abb. 12.
A. Reaktionsschaufeln. a Leitkränze, b Laufkränze, c Eintritts-, d Austrittsweite.
B. Aktionsbeschaufelung.

hinter den Schaufeln gleicher Druck herrschen und die Expansion wie bei letzterer Turbine nur im feststehenden Teil vor sich gehen. In der Parsonsturbine sind die Schaufeldurchgänge auf der Austrittsseite aber verengt, bei d infolgedessen erheblich schmäler als beim Eintritt c in Abb. 12. Dadurch erfährt der Dampf eine Stauung, welche um so größer ist, je enger der Austritt gemacht wird. Dementsprechend wird das Druckgefälle in der Leitschaufelung verkleinert und der Dampf in den Laufschaufeln gezwungen, beim Austritt aus denselben zu expandieren. Durch diesen Vorgang wird eine Geschwindigkeit erzeugt, welche, da sie im laufenden Teile vor sich geht, auf diesen als Reaktionsschub zur Wirkung kommt. Der Dampf tritt in einem ganz spitzen Winkel zur Querachse der Trommel aus den Laufschaufeln heraus. Da er in diesen expandiert und Geschwindigkeit erhält, die er mit einem Abstoß aufnimmt und das Widerlager (nämlich die Laufschaufeln) nachgibt, weil es beweglich ist, setzen sich die Schaufeln in Bewegung, denn der Ruckschub (Abstoß, Reaktion) erfolgt fast in der Laufrichtung der Schaufeln.

Auf die Laufschaufeln wirken zwei Dampfgeschwindigkeiten:

1. diejenige, mit welcher der Dampf aus den Leitschaufeln strömt (wie in der Aktionsturbine) und

2. diejenige, welche durch Expansion des Dampfes in den Laufschaufeln selbst erzeugt wird.

Die letztere übt reine Reaktionswirkung aus, da sie unmittelbar im beweglichen Teil aufgezehrt wird.

Infolge der Expansion im laufenden Teil herrscht vor den Laufschaufeln höherer Druck als hinter denselben. Diese Turbine wird daher auch mit Ueberdruckturbine bezeichnet, im Gegensatz zur Gleichdruckturbine, in welcher zu beiden Seiten der Laufschaufeln gleicher Druck herrscht.

Die Leitschaufeln erhalten wie die Laufschaufeln konisch verengte Durchgänge, weil das Druckgefalle wegen der großen Stufenzahl längst nicht das Kritische erreicht und die gleiche Bauart beider Schaufelungen die praktische Ausfuhrung vereinfacht.

Die Laufschaufeln der Aktionsturbine entziehen dem Dampf die doppelte Geschwindigkeit wie die der Reaktionsturbine. Erstere sind deshalb von der Radquerachse aus nach beiden Seiten gebogen. Dagegen mussen die nur schwach gekrümmten Schaufeln der Ueberdruckturbine infolge der Ruckschubwirkung ganz einseitig zur Achse gelegt werden (Abb. 12 und 12 a). Durch diese einseitige Lage erzielt man geringe Durchlaßquerschnitte, die es gestatten, lange Schaufeln zu verwenden.

b) Die Ljungström- oder Stalturbine.

Die nähere Untersuchung der theoretischen Voraussetzungen (fur die Zwecke dieses Buches zu weit gehend) für eine günstige Dampfökonomie ergibt, daß das Reaktionsdem Aktionsprinzip uberlegen ist. Die bedeutenderen Reibungsverluste in Lauf- und Leitapparaten der letzteren infolge hoher Dampfgeschwindigkeiten stellen dazu den Hauptanteil. Nichtsdestoweniger haben Aktionsturbinen eine große Verbreitung gewonnen, weil sie bei Verwendung stark uberhitzten Dampfes unter hohem Druck weniger konstruktive Schwierigkeiten boten als die vielstufige Parsonsturbine und deshalb die Wirtschaftlichkeit derselben erreichten. Dem schwedischen Ingenieur Birger Ljungström in Verbindung mit seinem Bruder Friedrich ist es gelungen, der Schwierigkeiten Herr zu werden und die höheren Nutzeffekte, welche rechnungsmäßig mit dem Reaktionsprinzip erzielt werden sollen, zu verwirklichen.

Die Svenska Turbinenfabriks Aktiebolaget Ljungstrom ist Inhaberin der Ljungströmpatente, und wird mit ihren Anfangsbuchstaben die Maschine neuerdings mit

Stalturbine bezeichnet. Sie ist eine Radialturbine, d. h. der Dampf durchläuft sie von der Achse zur Peripherie, im Gegensatz zu Achsialturbinen (die meisten andern Systeme), welche der Dampf in der Richtung der Achse passiert. Außerdem ist sie eine reine Reaktionsturbine, da in ihr alle Schaufeln arbeiten. Es ist dasselbe, als wenn sich in der Parsonsturbine die Leitschaufeln mitdrehen würden (natürlich entgegengesetzt zu den Laufschaufeln). Die Geschwindigkeit v steigt damit auf das Doppelte und, weil die Arbeit $L = \frac{m}{2} \cdot v^2$ ist, d. h. proportional dem Quadrate der Geschwindigkeit, leistet die Schaufelung 2^2 = vierfache Arbeit. Gegenüber der Parsonsturbine kann die Zahl der Schaufelkränze deshalb erheblich eingeschränkt werden.

Im Prinzip besteht die Stalturbine aus zwei Stahlscheiben, die in der einen Kreisfläche einen Wellenzapfen tragen, während die freie Fläche der einen Scheibe der der anderen zugekehrt ist. Diese beiden Flächen sind von der Nabe bis zur Peripherie konzentrisch mit Schaufelkränzen besetzt, und ragen die Kränze der einen Scheibe in die Lücken zwischen den Kränzen der andern hinein. Die Schaufeln der einen Scheibe liegen mit ihrer Krümmung entgegengesetzt zu der der andern, so daß die Schaufeln in dem einen Rade als Leitschaufeln für die Einführung des Dampfes in die Schaufeln des andern dienen. Die Turbine ist also eine Maschine mit zwei gegenläufigen Wellen. (Weitere theoretische Betrachtungen siehe § 35.)

§ 17.

Erläuterung des Begriffes der Reaktionsturbine.

1. In der reinen Reaktionsturbine erfolgt die Expansion und Geschwindigkeitserzeugung nur im laufenden Teil.

Die Umfangs- ist gleich der Dampfgeschwindigkeit.

2. Die reine Parsonsturbine wird auch mit Ueberdruckturbine bezeichnet. Der Dampf expandiert sowohl im feststehenden wie im laufenden Teil. Daher besitzt er vor den Laufschaufeln höhere Spannung als hinter denselben.

3. Zur Erzielung des Ueberdruckes, d. h. einer Expansion im laufenden Teile sind die Durchgänge zwischen den Laufschaufeln nach dem Dampfaustritt zu verengt.

4. Die Reaktionsturbine arbeitet mit reiner Druckabstufung.

§ 18.

Beaufschlagung der Reaktionsturbine von Parsons.

Die Reaktionsturbine von Parsons erfordert volle Beaufschlagung. Angenommen, man wollte teilweise Beaufschlagung anwenden, dann müßte in einer Stufe der Teil der Leitschaufeln, welcher nicht beaufschlagen soll, durch volle Segmentstücke ersetzt werden. Nun wurde auf die beaufschlagten Laufschaufeln die zweifache Dampfgeschwindigkeit wirken, d. h. die in Leit- und Laufschaufelung erzeugte zusammen, auf die nicht beaufschlagten Schaufeln dagegen nur die durch Expansion in ihnen selbst erzeugte durch reine Reaktion. Das geht natürlich nicht. Es ist daher volle Beaufschlagung nötig.

Die volle Beaufschlagung macht zur Erzielung der nötigen Druckgefälle in den einzelnen Stufen eine Vergrößerung des Dampfdurchganges von Stufe zu Stufe erforderlich, d. h. ständig wachsende Schaufellänge.

II. Teil.

Die Reaktionsturbine von Parsons.

V. Abschnitt.

Die Parsonsturbine für Schiffsantrieb. Anordnung und Schaltung.

§ 19.

Die Anordnung der Parsonsturbine im Schiff.

a) Die Teilung der Turbine.

Die Parsonsturbine nimmt im Kauffahrteischiffsbetriebe und in der Mehrzahl der Kriegsmarinen eine herrschende Stellung ein.

Die Schiffsschraube erfordert zur Erzielung eines hohen Wirkungsgrades niedrige Umdrehungszahlen, die Turbine dagegen zu demselben Zwecke und wegen eines möglichst einfachen Aufbaues (geringe Stufenzahl) das Gegenteil! Der Konstrukteur ist daher gezwungen, einen Mittelweg einzuschlagen. Das ist gleichbedeutend mit einem Verlust auf beiden Seiten, welcher um so größer wird, je weniger Geschwindigkeit das Schiff erhält. Große Schnelligkeit, die hinreichend hohe Propellerumläufe zuläßt, ist deshalb erstes Erfordernis, wenn die Turbine der ökonomischen Kolbenmaschine erfolgreiche Konkurrenz machen soll. Von 20 Knoten (1 Knoten = 1 Seemeile = 1852 m) abwärts ist das nicht mehr der Fall. Aus dem Grunde ist die Turbine bei direkter Kupplung mit der Schraubenwelle nur für schnelle Schiffe als Antriebsmaschine geeignet.

Die Beschränkung der Umdrehungszahl ist für die Turbine gleichbedeutend mit einer Verminderung der Schaufelgeschwindigkeit und einer erheblichen Vermehrung der Stufen. Letztere hat deshalb eine so wesentliche Bedeutung für die Parsonsturbine, weil dieselbe mit reiner Druckabstufung arbeitet. Die Stufenzahl wird dabei so groß, daß ihre Unterbringung in einem einzigen Gehäuse nicht mehr möglich ist und zu einer Teilung der Turbine zwingt. Sie wird den anzutreibenden Fahrzeugen entsprechend ausgeführt.

1. Kleinere Fahrzeuge (schnelle Küstendampfer, Torpedoboote usw.) erhalten drei Wellen (Abb. 13). Die mittlere wird durch eine Hochdruck-, jede seitliche durch eine Niederdruckturbine angetrieben. Die Anordnung entspricht also gewissermaßen einer zweifachen Expansionsmaschine mit geteiltem Niederdruckzylinder. Rückwärts-

turbinen werden zwei, fur jede Seitenwelle eine, vorgesehen. Sie erhalten direkten Frischdampf und sind im Abdampfraum der Niederdruckgehäuse untergebracht.

2. Auf Schlachtschiffen mit nur drei Wellen sind alle drei voneinander unabhängig gemacht. Jede Welle erhält ihren Turbinensatz, bestehend aus Hochdruck-, Niederdruck- und Rückwärtsturbine, letztere wieder im Niederdruckgehäuse.

3. Für große Schiffe (Schnelldampfer, Kreuzer, Schlachtschiffe) werden durchweg vier Wellen vorgesehen mit zwei unabhängigen Turbinensätzen. Jede Schiffs-

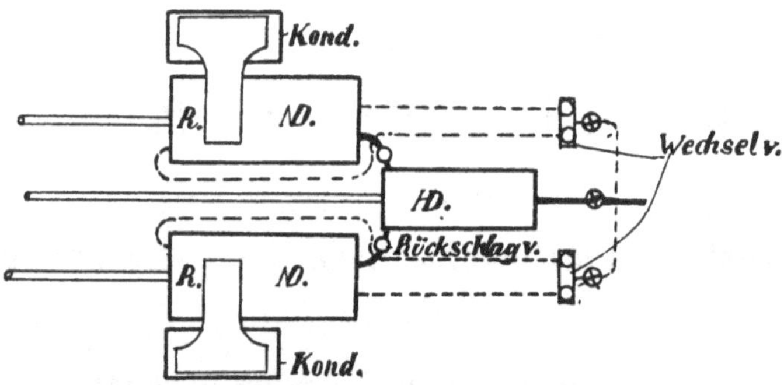

Abb. 13. Parsonsturbinen in Dreiwellenschaltung.

seite erhält fur die eine Schraube eine Hochdruck-, fur die andre eine Niederdruckturbine (Schaltung der „Mauretania", Abb. 14). Fur den Rückwartsgang gibt man

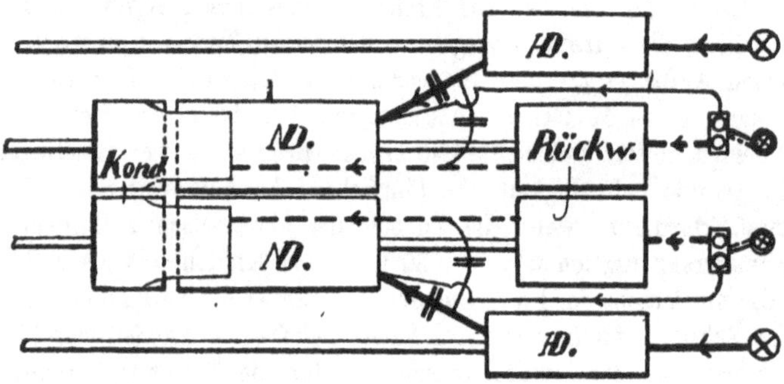

Abb. 14. Turbinenschaltung der „Mauretania". || Sperrschieber.

Kriegsschiffen dieselbe Schaltung; auf Kauffahrteischiffen begnügt man sich mit Rückwärtsturbinen auf den inneren Wellen.

4. In neuerer Zeit wird auf Handelsschiffen die in Abb. 15 wiedergegebene Schaltung angewendet. Sie entspricht gewissermaßen der dreifachen Expansion in vier Zylindern, da auf eine Seitenwelle eine Hochdruck-, auf die andre eine Mitteldruck- und auf die inneren Wellen zwei Niederdruckturbinen entfallen. In Abb. 15 (Schaltung auf den Schnelldampfern „France" und „Aquitania") sitzt auf jeder Seitenwelle außerdem eine Hochdruck-, auf jeder Innenwelle im Niederdruck-Vorwärtsgehäuse

eine Rückwärtsturbine. Die großen Schnelldampfer der Bismarckklasse mit derselben Vorwärtsschaltung haben Hochdruck-Rückwärtsturbinen auf den Mittel-, Niederdruck-Rückwärtsturbinen auf den Außenwellen, wegen ihrer Größe alle in besonderen Gehäusen. Andre Schiffe mit dieser Vorwärtsanordnung („Empreß of Russia"-, Alsatianklasse) erhielten Rückwärtsturbinen nur für die Innenwellen in den Niederdruckgehäusen.

b) Rückwärtsturbinen.

Die Turbine ist nicht umsteuerbar, denn sie läuft nur in der durch ihre Schaufelstellung bedingten Richtung. Für den Rückwärtsgang müssen daher besondere Turbinen geschaffen werden. Die Kolbenmaschine erreicht beim Rückwärtsgang etwa 75—85% der Vorwärtsleistung und verleiht dem Schiffe eine hervorragende Manövrierfähigkeit. Sollte das gleiche mit Rückwärtsturbinen erzielt werden, dann müßten dieselben eine nicht viel geringere Stufenzahl erhalten wie die Vorwärtsturbinen, eine Maßnahme, welche sich durch außerordentliche Platz- und Gewichtsbeanspruchung sowie hohe Kapitalanlage verbietet. Die volle Rückwärtsleistung kommt gewöhnlich nur in Ausnahmefällen (Kollisionsgefahr) zur Anwendung, während allgemein bei Manövern nur ein Bruchteil, höchstens die Hälfte der Vorwärtsleistung beansprucht wird. Man begnügt sich deshalb damit, die Rückwärtsturbinen $^3/_{10}$—$^6/_{10}$ so stark zu machen wie die Vorwärtsmaschinen und erhält dann Turbinen mit so beschränkter Stufenzahl, daß sie bei nicht zu großer Ausführung in den Abdampfräumen der Niederdruck-Vorwärtsturbinen untergebracht werden können. Platz- und Gewichtsbedarf werden dann so eingeschränkt, daß dieselben für das ganze Aggregat nicht über den gleich starker Kolbenmaschinen hinausgehen. Während des Vorwärtsganges laufen die Rückwärtsturbinen im Vakuum mit und die Schaufeln verursachen in dem dünnen Abdampf einen nur geringen Ventilationsverlust. Dieser Verlust erscheint in Gestalt einer Schaufelerwärmung wieder. Sie kann bei sehr großen Turbinenausführungen so groß werden, daß man (wie z. B. auf der Imperatorklasse) zeitweilig in die Rückwärtsmaschinen etwas Dampf einlassen muß, um sie zu kühlen.

Bei voller Leistung verarbeiten die Rückwärtsturbinen fast denselben Dampf wie das Vorwärtsaggregat, da er wegen der wenigen Stufen schlecht ausgenutzt wird; und selbst bei leichten Manövern müssen die Kessel viel mehr Leistung hergeben als bei Kolbenmaschinenbetrieb.

§ 20.

Parsonsturbinen in Dreiwellenschaltung.

Die in § 19 a unter 1. angeführte und in Abb. 13 wiedergegebene Turbinenteilung wurde von Parsons als erste brauchbare Ausführung auf englischen Torpedofahrzeugen angewendet und hat sich in der Folge besonders auf schnellen Küstenfahrzeugen (Kanaldampfern), Dampfjachten und mittleren Passagierdampfern eingeführt.

Die Hochdruckturbine sitzt auf der mittleren Welle. Der von ihr verarbeitete Dampf geht gleichzeitig in die auf die Seitenwellen gesetzten Niederdruckturbinen und von hier in die angeschlossenen Kondensatoren. In jedem Niederdruckgehäuse sitzt im hinteren Teil eine Rückwärtsturbine. Zwischen dieser und der Niederdruck-Vorwärtsturbine ist ein Ringraum geschaffen, welcher an den Kondensator Anschluß findet (Abb. 16 und 18).

Bei Maschinenmanövern bleibt die Hochdruckturbine mit ihrer Mittelwelle ausgeschaltet und nur die Seitenwellen treten in Tätigkeit. Sowohl die Niederdruck-Vorwärts- wie die Rückwärtsturbinen erhalten in diesem Falle direkten Frischdampf. Jede Seitenwelle wird somit für sich manövrierfähig. Dampfverbrauch und -ausnutzung sind dann sehr ungunstig und schon geringer Kraftbedarf verlangt eine erhebliche Beanspruchung der Kessel.

Die Manövriereinrichtung ist folgendermaßen ausgebaut:

Am Maschinistenstande sitzen drei mit der Hauptdampfrohrleitung in Verbindung stehende Frischdampfventile. Das mittlere dient der sogenannten Hauptschaltung, durch welche alle drei Vorwärtsturbinen betätigt werden. Das Ventil gibt den Dampfweg zur Hochdruckturbine frei. Nachdem er hier gearbeitet hat, drückt er in den Verbindungsleitungen zu den Niederdruckturbinen sitzende Ruckschlagventile auf und strömt den Niederdruckmaschinen zu. Nach verrichteter Arbeit gelangt er durch weite Abdampfbögen in die Kondensatoren. Diese Schaltung gewährt die gunstigste Dampfausnutzung, da eine große Stufenzahl zur Verfügung steht.

Die beiden seitlich vom Hauptventil angeordneten Ventile sind für die Manöverschaltung bestimmt. Sobald das Hauptventil geschlossen wird, schließen sich auch die Ruckschlagventile in den Zudampfrohren fur die Niederdruckturbinen und die Hochdruckmaschine ist damit von den letzteren abgesperrt. In der Hochdruckturbine verbreitet sich nach dem Oeffnen der Entwässerungen das Vakuum der Kondensatoren. Zwischen jedes Manöverventil und den zu der betreffenden Schiffsseite gehörenden Turbinen (eine Niederdruck-Vorwärts- und eine Ruckwärtsturbine) ist ein Wechselventil geschaltet. Dasselbe besteht aus einem Gehäuse mit zwei federbelasteten Doppelsitzventilen. Sie sind als Doppelsitzventile ausgefuhrt, um sie vom Dampfdruck zu entlasten und ihre Betätigung zu erleichtern. Der Raum zwischen den Sitzen jedes Ventils steht mit dem Manöverventil der betreffenden Schiffsseite in Verbindung, die Räume oberhalb des oberen und unterhalb des unteren Sitzes des einen Ventils mit der Niederdruck-Vorwärts-, die gleichen Räume des andern Ventiles mit der Rückwärtsturbine. Die aus den Gehäusedeckeln ragenden Ventilspindeln sind an Arme einer Welle angeschlossen, die durch einen Hebel mit Federklinke betätigt wird. Der Hebel läßt sich auf einer Bogenschiene (wie bei einer Umsteuerungsmaschine) in drei Rasten festklinken. Die Mittelrast hält ihn in der „Stoppstellung“. Dabei steht der Hebel senkrecht, und da die in Nuten der Spindeln hineinragenden Arme der Welle in den Nuten Durchzugslose besitzen, werden beide Ventile durch ihre Federn auf den Sitz gedrückt. Die vordere Rast halt den Hebel in der „Vorwärtsstellung“. Dabei ist das mit der Niederdruck-Vorwärtsturbine in Verbindung stehende Ventil aufgezogen, während die Durchzugslose im andern Ventil in diesem Falle bewirkt, daß der Kegel durch die Feder wie in der Stoppstellung auf dem Sitz festgehalten wird. In die hintere Rast („Rückwärtsstellung“) ausgelegt, geht das Vorwärtsventil durch Federdruck auf seinen Sitz und der mit der Rückwärtsturbine verbundene Kegel wird angehoben.

Beim Manöver ist nun folgendermaßen zu verfahren:

Bei „Stopp“ liegt der Hebel in der Stoppstellung. Hauptventil (für die Hochdruckturbine) und die Manöverventile sind geschlossen. Bei „Vorwärts“ sind die Hebel in die Vorwärtsrast zu legen, wodurch die Niederdruck-Vorwärtsventile geöffnet werden. Dann gehen durch Oeffnen der Manöverventile die Niederdruck-Vorwärtsturbinen an. Der ihnen zuströmende Dampf kann nicht in die Hochdruckturbine gelangen, weil ihm durch die Rückschlagventile in den Verbindungsleitungen der Weg versperrt ist. Kommt „Stopp“, so sind erst die Manöverventile zu schließen und dann die Hebel auf Stopp zu legen. Bei „Rückwärts“ kommt erst die Auslage der Hebel in die betreffende Rast und dann das Anlassen der Rückwärtsmaschinen durch Oeffnen der Manöverventile. Bei schnellen Manövern kann das Manöverventil etwas geöffnet bleiben. Die Doppelsitzventile stehen dann unter Dampf und ermöglichen bei den Kommandos durch Auslage der Hebel ein schnelles Angehen der Maschinen in der befohlenen Gangart.

Die Manöverschaltung findet weiter Anwendung, wenn die Hochdruckturbine havariert.

§ 21.

a) Dreiwellensystem mit drei Turbinensätzen.

b) Vierwellensystem mit zwei Turbinensätzen.

Die Schaltungen sind nach dem in § 19 a unter 2. und 3. Gesagten ohne weiteres verständlich.

Zu b). Für Manöver ist dieselbe Anordnung getroffen wie bei der in § 20 beschriebenen Dreiwellenschaltung. Es kommen dafür die beiden inneren Wellen in Betracht, auf denen die Niederdruck-Vorwärts- und die Rückwärtsturbinen sitzen. Hierfür sind nämlich ebenfalls Manöver- und Wechselventile vorgesehen.

Auf Kriegsschiffen mit diesem System erhält, um die Manövrierfähigkeit zu erhöhen, jede Welle eine Rückwärtsturbine, und zwar jede Seite wie für den Vorwärtsgang eine Hoch- und eine Niederdruck-Rückwärtsturbine. Um gleiche Gewichtsverteilung zu erzielen, findet man häufig die Hochdruck-Vorwärts- mit der Niederdruck-Rückwärtsturbine auf einer Welle angeordnet und für die andre Schraube umgekehrt.

§ 22.

Vierwellenschaltung mit einem Turbinensatz.

Das in Abb. 15 dargestellte System, das in der Hauptschaltung für den Vorwärtsgang alle vier Wellen voneinander abhängig macht, hat sich auf großen Passagier- und Schnelldampfern eingeführt. Es ist aus dem Bestreben entstanden, die auf ein Gehäuse entfallenden Stufen einzuschränken; daher die Schaffung der Mitteldruckturbine. Die einzelnen Gußstücke, Rotoren usw. werden dadurch handlicher und ihre Herstellung verlangt keinen außergewöhnlichen Aufwand an technischen Mitteln.

Die Hauptschaltung ist die in Abb. 15 durch die starken Linien gekennzeichnete. Der Dampf geht zur Hochdruck-, von hier zur Mitteldruckturbine, um sich dann auf die beiden Niederdruck-Vorwärtsturbinen zu verteilen.

Die Manöverschaltung auf der „France“ ist folgendermaßen ausgestaltet: Die Wellen der einen Schiffsseite werden von denen der andern unabhängig gemacht. Für den Rückwärtsgang ist das ohne weiteres durch die Anordnung einer Hoch- und Niederdruck-Rückwärtsturbine für jede Schiffsseite gegeben. Soll z. B. mit den Steuerbordwellen rückwärts gefahren werden, dann erhält die Steuerbord-Hochdruck-Rückwärtsturbine Frischdampf und gibt ihn an die im Niederdruck-Vorwärtsgehäuse auf der Steuerbordinnenwelle untergebrachte Niederdruck-Rückwärtsturbine ab (durch die punktierte Leitung). Dasselbe ist bei den Backbordschrauben der Fall.

Für den Vorwärtsgang mit den Backbordschrauben werden erst zwei große Wechselventile ausgelegt (die Bewegung geschieht wegen der Größe der Ventile durch Kataraktmaschinen). Das eine in die Verbindungsleitung zwischen Hoch- und Mitteldruckturbine geschaltete sperrt dann diese Verbindung und stellt

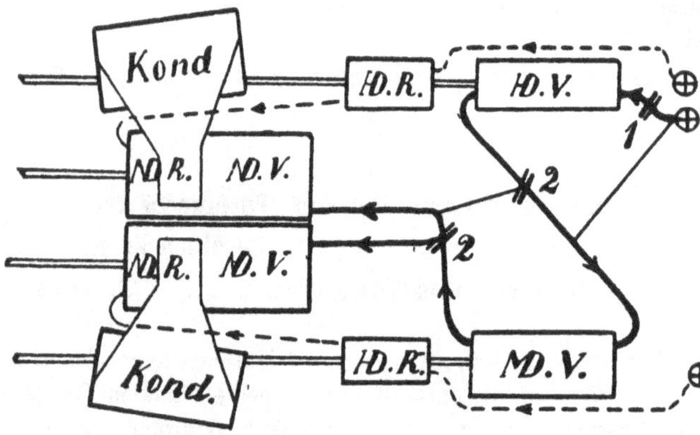

Abb. 15. Turbinenanlage des Schnelldampfers „France“.
1. Sperrschieber, 2 Wechselschieber.

eine andre mit der Backbord-Niederdruck-Vorwärtsturbine her. Von der auf der Steuerbordaußenwelle angebrachten Mitteldruckturbine geht ein einziges Abdampfrohr ab, welches sich in einem großen Schiebergehäuse verzweigt. Dieser Schieber wird bei Manöverschaltung so gestellt, daß er die Verbindung zwischen der Mitteldruck- und der Backbord-Niederdruck-Vorwärtsturbine unterbricht. Wird jetzt das Hauptschaltungsventil geöffnet, so passiert der Dampf nur die Hoch- und Backbord-Niederdruck-Vorwärtsturbine.

Soll mit den Steuerbordschrauben allein vorwärts gefahren werden, dann bleiben die beiden oben erwähnten Ventile bzw. Schieber in der Manöverschaltung liegen, und weiter wird ein zwischen Hochdruck-Vorwärtsturbine und dem Hauptventil eingebautes Wechselventil in Manöverschaltung gebracht, dadurch die Verbindung zur Hochdruckturbine schließend und eine solche zur Mitteldruckturbine öffnend. Durch Oeffnen des Hauptventils gelangt der Frischdampf jetzt direkt zur Mitteldruckturbine und von dort zur Steuerbord-Niederdruck-Vorwärtsturbine.

Die Schiffe, auf welchen Rückwärtsturbinen nur für die Innenwellen vorgesehen sind, manövrieren auch nur mit diesen. Die Betätigung wird wieder durch Wechselventile bewerkstelligt, welche an die Niederdruck-Vorwärts- und die Rückwärtsturbinen angeschlossen sind. Die Verbindung zwischen der Mitteldruck- und den Niederdruckturbinen unterbricht dann ein Sperrschieber.

§ 23.

Marschturbinen.

Handelsschiffe fahren fast immer mit Volldampf. Sie kommen infolgedessen mit den beschriebenen Schaltungen aus. Dagegen wird auf Kriegsschiffen selten die Höchstleistung angewendet und meistens mit stark verminderter Maschinenkraft gearbeitet. Die Folge davon ist eine erhebliche Verschlechterung der Wirtschaftlichkeit des Betriebes und das um so mehr, je geringer die geforderte Leistung ist. Im Gegensatz dazu ändert sich der Dampfverbrauch der Kolbenmaschine für die PS und Stunde nur wenig.

In § 12 c war dargelegt, daß im niedrig gespannten Dampf, auf das Druckgefälle bezogen, eine erheblich viel höhere kinetische Energie steckt als im hochgespannten. Soll nun die Maschinenkraft, also auch die Drehzahl, verringert werden, so geschieht das durch Drosseln des Absperrventils, d. h. durch Vermindern des Eintrittsdruckes. Das hat sehr ungünstige Folgen. Während bei voller Belastung Dampf- und Schaufelgeschwindigkeit (Drehzahl) einander aufs günstigste angepaßt waren, sinkt beim Drosseln die Schaufelgeschwindigkeit (Drehzahl) erheblich schneller als die Dampfschnelligkeit, welche in dem verminderten Druckgefälle steckt. Die Ursache liegt darin, daß infolge des erheblich dünner gewordenen Dampfes nicht genügend viele Moleküle auf die Schaufeln treffen, um diesen eine solche Schnelligkeit mitzuteilen, die eine so gute Ausnutzung derselben wie bei Volldampf gewährleistet. Bei der Expansion von Stufe zu Stufe wird sich ein Teil nicht ausgenutzter Dampfgeschwindigkeit zum andern addieren und der Dampf die letzte Stufe mit einer ihm noch innewohnenden Strömungsenergie verlassen, die im Kondensator verloren geht. Man müßte also, um diese Kraft nutzbar zu machen, noch eine Reihe von Schaufelkränzen zur Niederdruckturbine hinzuschalten können. Das ist aus konstruktiven Gründen nicht angängig. Dagegen schaltet man vor die Hochdruckturbine eine sogenannte Marschturbine. Die Stufenzahl wird dadurch derartig vermehrt, daß bei verringerter Leistung eine genügende Wirtschaftlichkeit erzielt werden kann. Bei der Dreiwellenanordnung (Abb. 13) findet die Marschturbine ihren Platz auf einer Seitenwelle. Am Maschinistenstande ist ein besonderes Marschventil vorgesehen, in die Verbindungsleitung zwischen Marsch- und Hochdruckturbine ein Rückschlagventil geschaltet, das die Leitung nur durch den von ersterer kommenden Druck öffnet. Bei Haupt- oder Manöverschaltung läuft die Marschturbine im Vakuum mit. Sie steht dann durch die geöffneten Entwässerungen unter Vakuum.

Die Marschschaltung entspricht beim Dreiwellensystem der in § 22 beschriebenen Schaltung. Der Dampf tritt in die Marschturbine ein, geht von hier zur Hochdruck- und weiter zu beiden Niederdruckturbinen. Die Marschturbine besitzt so geringen Durchmesser und niedrige Schaufeln, daß sie stets mit Dampf von relativ hoher Spannung arbeitet. Er wird in ihr aber so weit herunterexpandiert, daß

des Maschinenraumes erfolgt. Bei sehr großen Maschinen sitzen solche Flanschen außerdem noch am unteren Gehäuseteil selbst. Die Verbindungsbolzen sind nur auf einem Ende fest eingepaßt, auf dem anderen Ende dagegen im Sockel fest, im Gehäuse mit Schiebungslose, damit das Gehäuse beim Betrieb den Dehnungen durch die Dampf-

Abb. 16. Niederdruckturbinengehäuse (Unterteil) eines Schlachtschiffes.
a Niederdruck-Vorwärts-, b Niederdruck-Rückwärtsteil, 1. Dummyzylinder, 2. Dampfeinlaß.

wärme folgen kann und Materialspannungen vermieden werden. Vielfach trägt der Gehäuseboden auf der Unterseite in der Längsachse eine angegossene Leiste, die in eine entsprechende Nute des Sockels faßt, um die durch die einseitige Bolzenlose ermöglichte Seitenverschiebung in der Querrichtung gleichmäßig auf beide Seiten zu verteilen.

Aeußerlich ist das Gehäuse durch Rippen verstärkt. Die Zwischenräume werden mit schlechten Wärmeleitern (Filz, Asbest, Kieselgur usw.) ausgefüllt, um die Wärmeausstrahlung nach Möglichkeit einzuschränken. Die Isolatoren werden von einer Blechbekleidung gehalten. In die Innenwand sind Nuten eingedreht zur Aufnahme der Leitschaufeln.

Für den Dampfein- und -auslaß werden Ringräume hergestellt, an welche sich die betreffenden Dampfleitungen anschließen (Abb. 16).

§ 25.

Der Rotor und die Beschaufelung.

Der innere, rotierende Teil der Parsonsturbine, der Rotor, besteht aus einer hohlen Trommel, welche aus Siemens-Martinstahl gepreßt oder geschmiedet wird. Mit ihren Enden ist sie warm auf Stahlscheiben gezogen, die meistens noch durch in Radperipherie und Trommel eingesetzte vernietete Schrauben gesichert werden. Die Welle geht nicht durch die Trommel hindurch (Abb. 17), sondern die Naben werden warm auf Wellenenden gezogen und noch besonders durch Keile oder Schrauben gegen Verdrehen gesichert. Auf dem Dampfeintrittsende wird die Scheibe bei größeren Turbinen häufig doppelt ausgeführt, so daß ein bis zur Welle reichender Ringraum entsteht, der durch beide Scheibenteile verbindende Rippen in mehrere Kammern geteilt wird (Abb. 17). Die Peripherie des einen Scheibenteiles ist mit der Trommel verbunden, während die des anderen den sogenannten Dummykolben bildet, dessen Bestimmung in § 26 näher beleuchtet wird. Die Kanäle bringen den Eintrittsdampf bis an die Welle, so daß die Turbine auf diesem Ende eine gleichmäßige Durchwärmung erfährt. Einmal werden dadurch Materialspannungen beseitigt und andererseits die Dehnung nicht auf die Trommel beschränkt, sondern auf das ganze Rad übertragen, dessen Verbindung mit der aufgeschrumpften Trommel sich daher nicht lösen kann. Die hintere Scheibe (auf dem Dampfaustrittsende) wird entweder als Speichenrad oder als gewölbte, elastische Scheibe ausgeführt, die den verschiedenen Dehnungen gut zu folgen imstande ist. Sie erhält dann mehrere größere Durchbrechungen.

Die Länge der Trommel darf im Verhältnis zum Durchmesser eine bestimmte Grenze nicht überschreiten, wenn ihre Wanddicke nicht übermäßig stark und das Gewicht nicht unnötig groß werden soll. Damit findet auch die Stufenzahl ihre Grenze, welche zur Unterbringung eines Schiffsaggregates (einheitlichen Maschinensatzes) in mehreren Gehäusen zwingt. Die Ursache hängt mit den bei hohen Umfangsgeschwindigkeiten auftretenden Zentrifugalkräften zusammen, welche die Trommel auf Durchbiegung beanspruchen. Sie ist mit Tausenden von Schaufeln besetzt und hat auf großen Schiffen eine Größe, welche es praktisch schwierig macht, die Gewichte vollständig auszugleichen, d. h. den Rotor auf das genaueste auszubalancieren. Die Größe der Zentrifugalkraft errechnet sich nach der Formel

$$z = \frac{G}{g} \cdot \frac{v^2}{r},$$

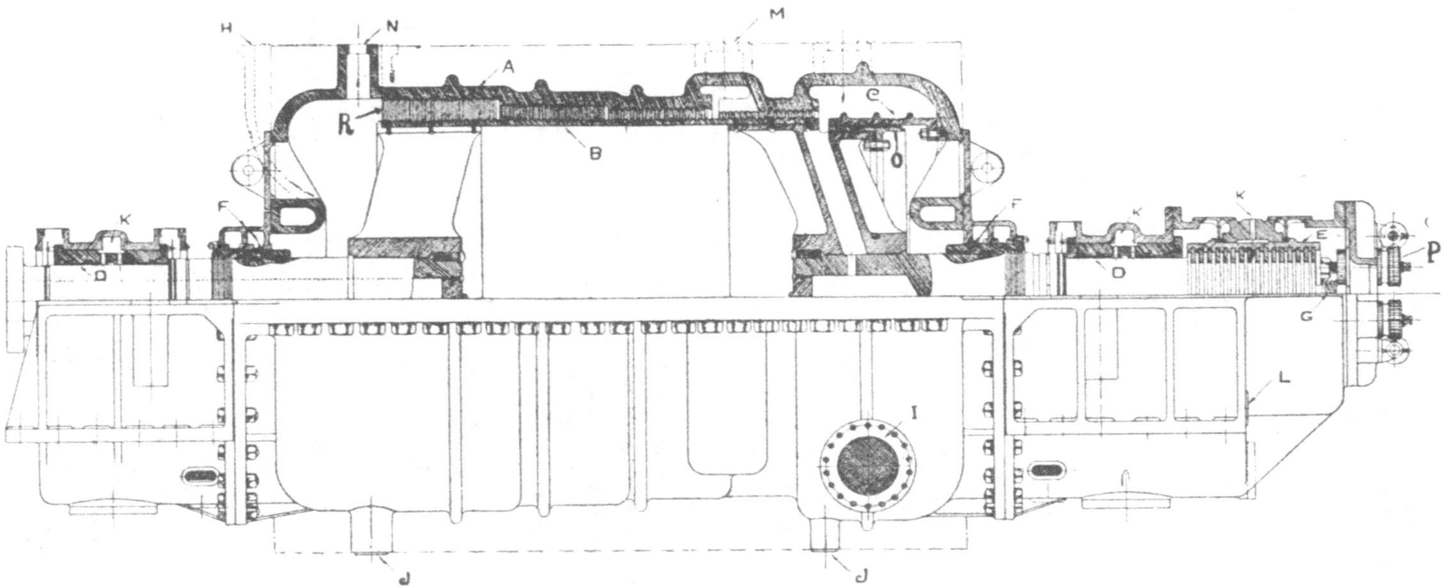

Abb. 17. Hochdruck-Parsons-Schiffsturbine.

A Gehäuse, B Rotor, C Dummyzylinder, D Traglager, E Kammlager, F Stopfbüchsen, G Schneckenantrieb für den Schnellschluß, H Dampfauslaß, I Dampfeinlaß, J Entwässerungen, K Oeleintritt, L Oelabfluß, M Bye-Paß, N Anschluß für das Ueberdruckventil, O Dummykolben, P Einstellvorrichtung für das Kammlager, R Schaufelung.

worin G das einseitig wirkende, Durchbiegung ausübende Gewicht in Kilogramm ist g die Beschleunigung der Schwere = 9,81 m, v die sekundliche Geschwindigkeit des einseitigen Gewichtes und r der Hebelarm in Meter, an dem das Gewicht wirkt.

B e i s p i e l: Eine Turbinentrommel von 1,2 m Durchmesser, die mit 780 Umdrehungen läuft, ist an einer Stelle ihres Umfanges 0,9 kg einseitig belastet. Wie groß ist die Zentrifugalkraft, welche die Trommel nach dieser Stelle durchzubiegen sucht?

Die sekundliche Umdrehungszahl beträgt 780 : 60 = 13, infolgedessen die Umfangsgeschwindigkeit v = 13 . 1,2 . 3,14 = ∽ 49 m.

$$\text{Hebelarm } r = \frac{1}{2} \text{ Trommeldurchmesser} = 0{,}6 \text{ m.}$$

$$z = \frac{0{,}9 \cdot 49 \cdot 49}{9{,}81 \cdot 0{,}6} = \backsim 214 \text{ kg.}$$

Die Ausbalancierung des rotierenden Teiles erfordert somit die größte Sorgfalt.

In die Trommel sind Nuten gedreht zur Aufnahme der L a u f s c h a u f e l n, deren Fuß dem Querschnitt der Nuten entsprechend geformt wird. Die Nuten erhalten verschiedenartigen Querschnitt. In Abb. 19 sind einige wiedergegeben. Jede Fabrik hat in dieser Hinsicht ihre eigene Bauweise. Am häufigsten kommt der Schwalbenschwanz zur Anwendung. Die Schaufeln werden gewöhnlich aus Spezialbronze, seltener aus Nickelstahl hergestellt, der Abstand zwischen denselben aus in die Nute gelegten Zwischenstücken. Gewöhnlich setzt man 4—5 Schaufeln mit Zwischenstücken hintereinander ein und verstemmt sie gegen die Nutenseitenwände durch leichte Schläge mit Dorn oder Lufthammer gegen das letzte Zwischenstück in Richtung der Nute. Dann kommen weitere 4—5 Schaufeln mit Zwischenstücken usw. Vielfach wird auch jede Schaufel mit ihrem Zwischenstuck fur sich verstemmt. Das Einsetzen in die Nute erfolgt durch mehrere in den Umfang eingestoßene Erweiterungen (Abb. 20). Nach Beendigung des Beschaufelns werden sie durch kupferne Füllstücke geschlossen, deren Form aus Abb. 20 ersichtlich ist. Die Erweiterung ist im Grunde so verbreitert, daß die ausgespitzten Enden des Füllstückes durch Stemmen hineingetrieben werden können und das Stück festhalten. Eine andre Art des Schlusses ist die, daß man der Erweiterung parallele Wände gibt, ein gut passendes, bronzenes Füllstück eintreibt und dasselbe durch eine versenkte Schraube mit dem Rotor verbindet. Die Schraube wird durch Zinnlötung gesichert.

Die V e r s t e i f u n g d e r S c h a u f e l n erfolgt auf verschiedene Weise. Je nach der Schaufellänge werden ein, zwei oder auch drei Kupfer- oder Bronzedrähte, gleichmäßig auf die Schaufellänge verteilt, durch die Schaufeln gezogen oder auch seitlich in eingestoßene Schlitze gelegt und durch Silberlot mit den Schaufeln verbunden. Silberlot wird deshalb verwendet, weil es gut bindet und eine fehlerfreie Sicherung gewährleistet, sorgfältige Ausführung vorausgesetzt. Wird infolge mangelhafter Ausführung die Schaufel durch das Lot nicht mit der Bandage verbunden, so kann die Schaufel infolge der an ihr wirkenden Kräfte (Zentrifugalkraft und Dampfschub) den Draht anscheuern, zum Bruch bringen und durch Verlust des Haltes der benachbarten Schaufeln sogar Schaufelsalat (Zerstörung durch Anlaufen der Lauf- gegen die Leitschaufeln) herbeigeführt werden, eventuell auch durch Klemmen gebrochener Drahtenden zwischen Lauf- und Leitschaufeln. Zur Bandagierung ist nicht ein einziger Draht

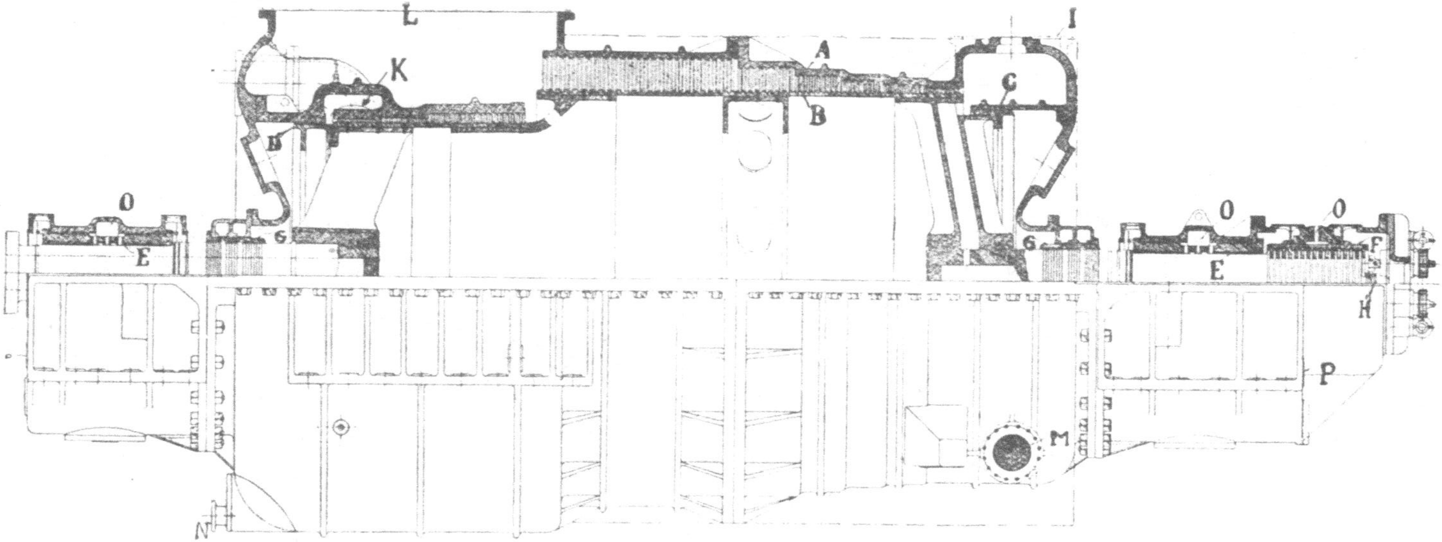

Abb. 18. Niederdruck-Parsons-Schiffsturbine mit Rückwärtsturbine.

A Gehäuse, B Trommel, C Dummykolben der Niederdruck-Vorwärtsturbine, D Dummykolben der Rückwärtsturbine, E Traglager, F Kammlager, G Stopfbüchsen, H Antrieb für den Schnellschluß, I Dampfzugang von der Hochdruckturbine, K Frischdampfeinlaß für die Rückwärtsturbine, L gemeinsamer Abdampf nach Kondensator, M direkter Zudampf vom Wechselventil, N Entwässerung, O Oelzuführung, P Oelabfluß.

durch alle Schaufeln eines Kranzes gezogen, sondern es werden Drahtenden von 400 bis 500 mm Länge verwendet, um einer Sprengung des Drahtes bei der Dehnung durch den Dampf vorzubeugen. Eine andre Art der Schaufelversteifung ist die durch über die Schaufelenden gelegte Messingbänder. Zu dem Zweck gibt man den Schaufelköpfen einen kleinen Ansatz, mit dem sie in die gestanzten Löcher der Bandage gesteckt und mit diesen vernietet werden. Das Band wird wieder in Stücke von 400—500 mm Länge zerschnitten.

Die Leitschaufeln werden auf dieselbe Weise in Nuten des Gehäuses befestigt wie die Laufschaufeln auf der Trommel und ebenso bandagiert.

Um für jede Stufe der Turbine das erforderliche Druckgefälle herzustellen, wäre es nötig, einen Schaufelkranz immer größer als den anderen zu machen, in Anbetracht der vielen Stufen eine kostspielige Herstellung. Man umgeht dieselbe, ohne den Wirkungsgrad und die Expansionsverhältnisse zu beeinträchtigen oder wesentlich zu ändern dadurch, daß immer eine Anzahl von Kränzen gleiche Größe erhält (Abb. 16—18) und bezeichnet dann jeden Satz gleich großer Schaufeln, allerdings fälschlicherweise, mit Expansionsstufe.

Wie schon erklärt, muß die Parsonsturbine infolge der Expansion im stehenden und laufenden Teile mit voller Beaufschlagung arbeiten. Dem eintretenden Dampf bietet sich der Durchgangsquerschnitt des ersten Leitkranzes als Einlaß dar. Er darf infolge der großen Dampfdichte nur eine beschränkte Größe erhalten; dies ferner noch aus dem Grunde, weil das Stufengefälle vom Kesseldruck an ein nur sehr geringes ist. Durch großen Trommeldurchmesser läßt sich die Drehzahl einschränken, weil

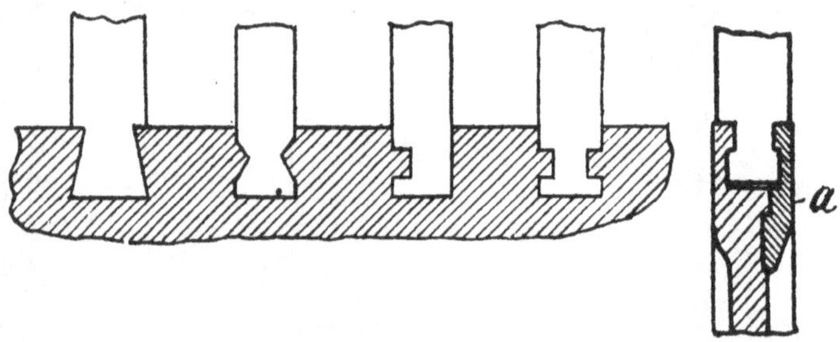

Abb. 19. Schaufelfüße.
a Befestigung in Zoellyturbinen.

der durch eine Umdrehung zurückgelegte Schaufelweg dem Trommeldurchmesser entsprechend groß ist. Dieser bedingt aber niedrige Schaufeln zum Einhalten des Einlaßquerschnittes und es stellt sich ein Nachteil ein, welcher große Trommeldurchmesser in der Hochdruckturbine verbietet; das ist der Spaltverlust. Aus Sicherheitsgründen muß zwischen Leitschaufeln und Trommel einerseits und zwischen Laufschaufeln und Gehäuse andererseits ein Spielraum bleiben, groß genug, um bei den eintretenden Dehnungen und dem Verschleiß der Traglager ein Anlaufen der Schaufeln gegen die Trommel bzw. das Gehäuse zu verhüten. Andernfalls würden Schaufelbrüche (Schaufelsalat) entstehen, die bei der großen Umfangsgeschwindigkeit durchweg die meisten Kränze in Mitleidenschaft ziehen. Das ist die schwerste und verhältnismäßig leicht eintretende Havarie, die der Turbine widerfahren kann. Sie schließt eine Beseitigung auf See aus.

Die großen Dehnungen des Hochdruckteiles infolge der hohen Dampftemperaturen bedingen ein verhältnismäßig viel größeres Schaufelspiel als die mit viel längeren Schaufeln besetzten übrigen Teile eines Turbinenaggregates. Das Spiel (der Spalt) stellt sich z. B. in einer Anlage von 8000 PS im Hochdruckteil auf etwa 2 mm, im Niederdruckteil auf nur etwa 3 mm. In schwächeren Anlagen geht das Hochdruckspiel auf 1,5 bis 1,8 mm herunter, in stärkeren ist es entsprechend größer. Will man also zur Erzielung niedriger Umgangszahlen (abgesehen von der Stufenzahl), die für Schiffe zwecks Verwendung wirksamer Schrauben angestrebt werden müssen, großen Trommeldurchmesser anwenden, so wächst mit dem Durchmesser auch der Ringquerschnitt des Spaltes, während die Schaufeln kürzer werden. Gibt man z. B. der ersten Stufe bei 20 mm Schaufelhöhe 2 mm Spiel, so macht das, auf die Schaufelhöhe bezogen 10%. Diese Menge des Eintrittsdampfes geht also zwischen den Leitschaufelköpfen und der Trommel hindurch. Sie wird allerdings von der die Leitschaufeln passierenden Dampfmenge mitgerissen und erhält Geschwindigkeit, aber nicht genau die Richtung der aus den Leitschaufeln tretenden Strahlen. Sie wird infolgedessen falsch auf das Fußende der Laufschaufeln treffen, also einen Arbeitsverlust verursachen. Weiter geht der aus dem Fußende der Leitschaufeln tretende Dampf an den äußeren Enden der Laufschaufeln vorbei durch den Spalt, ohne auf sie zu wirken. So setzen sich diese Verluste von Spalt zu Spalt fort, nehmen aber mit der wachsenden Schaufellänge ab, da sich der Spalt nur wenig vergrößert und die Dampfdichte immer geringer wird. Der Hochdruckteil wird diesen Verlusten am stärksten, der Niederdruckteil ihnen am wenigsten ausgesetzt sein und letzterer demnach den besten Wirkungsgrad besitzen. Der Energieverlust entspricht annähernd dem Verhältnis der Spalthöhe zur Schaufellänge. Er stellt sich im Hochdruckteil bei dem angenommenen Fall in den ersten Stufen also auf volle 10%.

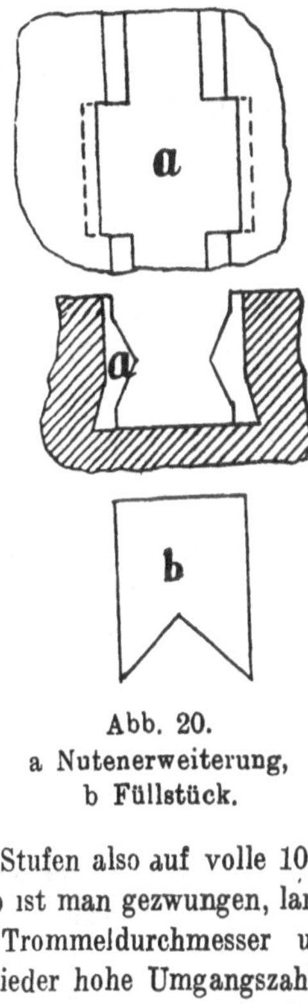

Abb. 20.
a Nutenerweiterung,
b Füllstück.

Soll der Verlust nach Möglichkeit verringert werden, so ist man gezwungen, lange Schaufeln zu verwenden. Der dadurch bedingte kleine Trommeldurchmesser und kleine Schaufelweg bei einer Umdrehung erfordern aber wieder hohe Umgangszahlen oder eine Vermehrung der Stufen! Für die Niederdruckturbine gestalten sich die Verhältnisse wesentlich günstiger, da die vorgeschrittene Expansion große Durchgänge verlangt und deshalb lange Schaufeln bei großem Trommeldurchmesser verwendbar sind. Beispielsweise haben in einem Turbinensatz des Schnelldampfers „Mauretania“ die Hoch- und Niederdruckturbine bei gleicher Drehzahl (194 in der Minute) dieselbe

Höchstleistung von je 19000 PS (Wellenpferdestärken). Während die Hochdruckturbine bei einem Trommeldurchmesser von 2,44 m 123 Stufen besitzt, kommt man in der Niederdruckturbine, welche 3,56 m Trommeldurchmesser erhielt, mit 60 Stufen aus.

Um beim Anlaufen der Schaufeln die Gefahr des Bruches zu vermindern, werden die Schaufelenden angeschärft, so daß sie sich etwas abschleifen können.

Außer dem bisher behandelten Schaufelspiel, dem r a d i a l e n , muß noch ein solches zwischen Lauf- und Leitschaufeln geschaffen werden, das sogenannte a c h s i a l e S p i e l, um bei geringen Längsverschiebungen des Rotors (durch Dehnungen oder Verschleiß des Drucklagers) eine Berührung von Lauf- und Leitschaufeln zu verhüten. Sie kann die sofortige Vernichtung der ganzen Beschaufelung zur Folge haben. Das achsiale Spiel wird etwas größer gemacht als das radiale.

Der in Abb. 17 zwischen erster und zweiter „Expansionsstufe" angeordnete Ringkanal, ein sogenannter Bye-pass (sprich: Beipaaß), steht mit einer Frischdampfleitung in Verbindung und gestattet eine Ueberlastung der Turbine, d. h. in Sonderfällen eine Leistung über die normale hinaus, welche mit dem Hauptabsperrventil allein erreicht wird. Die Ausnutzung des Dampfes ist in diesem Falle natürlich nicht so günstig wie bei normaler Belastung.

§ 26.

Entlastung des Drucklagers. Dummy- und Labyrinthdichtung.

Der Dampf wird durchweg entgegengesetzt zum Schraubenschube durch die Turbine geschickt, d. h. durch die Vorwärtsturbine von vorn nach hinten (im Schiff betrachtet) und durch die Rückwärtsturbinen von hinten nach vorn. Daraus ergibt sich, daß die Dampfeintrittsräume einer Niederdruck-Vorwärtsturbine und einer im selben Gehäuse untergebrachten Rückwärtsturbine auf den Enden liegen, die Dampfaustrittsräume aber zusammenfallen (Abb. 16 und 18). Würde der Dampf auf der Eintrittsseite nun auf den ganzen Querschnitt der hier befindlichen Radscheibe (abzüglich den Querschnitt der Welle) drücken, dann würde der dem Schraubenschub entgegenwirkende Dampfschub ersteren erheblich überwiegen. Diese Wirkung wird noch durch die Eigenschaft der Parsonsturbine als Ueberdruckturbine bedeutend gesteigert. Weil vor den Laufschaufeln größerer Druck als hinter ihnen herrscht, übt der Dampf einen Längsschub auf dieselben aus. Scheiben- und Schaufelschub sollen aber nur benutzt werden, um den Schraubenschub möglichst genau aufzuheben und dadurch das Drucklager zu entlasten. Diese E n t l a s t u n g stellt einen wichtigen Faktor im Turbinenwesen dar, weil sie den Verschleiß des Drucklagers auf ein Minimum herabdrückt und eine große Sicherheit gegen achsiale Verschiebung bietet, d. h. gegen die Gefahr des Anstreifens von Lauf- und Leitschaufeln. Es handelt sich also darum, den Dampfschub so zu verkleinern, daß er den Schraubenschub möglichst genau aufhebt. Das wird durch die Verkleinerung der Druckfläche der Radscheibe mittels des sogenannten D u m m y k o l b e n s (Entlastungskolbens) erreicht. Die Innenwand des Dampfeintrittkanals wird zylindrisch ausgebohrt, und in diesem Zylinder läuft die Radscheibe mit einer Verbreiterung ihrer Peripherie oder einem auf diese geschrumpften breiten Ring, dem sogenannten Dummy oder Dummykolben. Derselbe ist im Zylinder dampfdicht gemacht, so daß vor die Scheibe kein Dampf gelangen kann. Der in den Ringkanal tretende Dampf wirkt dann nur auf die Fläche: Trommelquerschnitt minus Dummykolbenquerschnitt, dazu kommt dann der Schaufelschub. In der Hochdruckturbine wirkt der Abgangsdampf durch das offene hintere Rad in entgegengesetzter Richtung, also m i t dem Schraubenschub auf die vordere Scheibe minus den Schaftquerschnitt. Der Dummykolben ist in diesem Falle so zu bemessen, daß die beiden Schübe (Abgangsdampfschub + Schraubenschub) aufgehoben werden. In Abb. 16, Gehäuse einer Niederdruck-Vorwärts- und Niederdruck-Rückwärtsturbine, sind die beiden Zylinder für Dummykolben gut erkennbar.

Der in einer Parsonsturbine auf die Laufschaufeln wirkende Dampfschub errechnet sich annäherungsweise folgendermaßen, wenn das halbe Druckgefälle auf den rotierenden Teil entfällt, die Turbine also mit 50% Reaktion arbeitet: Beträgt z. B. der Rotordurchmesser 1200 mm, die m i t t l e r e Schaufellänge 60 mm und das ganze Druckgefälle in dieser Turbine 8 kg, dann entfallen auf den rotierenden Teil 4 kg. Diese wirken auf den Schaufelring der mittleren Schaufellänge. Der Ring hat eine Fläche von

$$\frac{132^2 . 3{,}14}{4} - \frac{120^2 . 3{,}14}{4} = \backsim 2374 \text{ qcm.}$$

Daraus der Schaufelschub:

$$4 . 2374 = 9496 \text{ kg.}$$

Die Dampfdichtung des Entlastungskolbens im Zylinder und der Welle an den Austrittsstellen des Gehäuses erfolgt nicht durch Stopfbüchsen, sondern durch L a b y r i n t h d i c h t u n g , d. h. eine Dichtung, in der eine Berührung der gegeneinander dampfdicht zu machenden Teile n i c h t stattfindet, also auch keine Reibung. Allgemein wird das Labyrinth des Dummykolbens mit D u m m y d i c h t u n g und die Labyrinthe an den Wellenaustritten, allerdings nicht ganz richtig, mit S t o p f b ü c h s e n bezeichnet. Hier mögen die beiden Ausdrücke beibehalten werden.

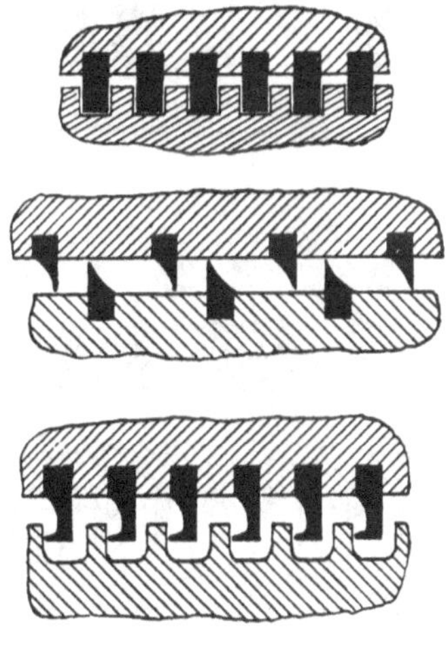

Abb. 21. Dummydichtungen.

Verschiedene Arten von Dummydichtung gibt Abb. 21 wieder. Im ersten Falle sind in den Zylinder Ringnuten eingeschnitten und in diese schmale Bronzeringe eingetrieben. Sie ragen in entsprechende Nuten des Dummykolbens hinein, und zwar mit sehr geringem radialen und achsialen Spiel (nur einige Zehntel Millimeter groß). Der Dampf muß, um hindurchzukommen, einen sehr gewundenen Weg nehmen (daher die Bezeichnung Labyrinth), und indem der rotierende Kolben ihn mitreißt, wird er in Wirbelung versetzt. Dadurch vermindert sich seine Spannung derart, daß er nur noch als Nebel (Vrasen), d. h. mit sehr geringem Druck aus dem Labyrinth entweicht. Die Entspannung wird durch das Mitreißen soweit getrieben, daß er in der Dichtung zum Teil kondensiert.

Das zweite Beispiel, in neuerer Zeit viel angewandt, zeigt, daß sowohl in Nuten des Zylinders wie des Kolbens Ringe eingetrieben sind, welche man nach außen schlank ausgeschärft hat. Die spitzen Kanten haben nur sehr geringes radiales Spiel nach dem Kolben bzw. Zylinder zu, während das achsiale Spiel, durch den Abstand der Ringe voneinander bestimmt, sehr groß ist (daher auch radiale Dummydichtung genannt).

Bei der dritten Ausführung ragen in Nuten des Dummykolbens einseitig angeschärfte, in den Zylinder eingesetzte Bronzeringe hinein. Die Anschärfung wird nach ihrer Seite gegen die stehengebliebenen Ringe in dem Kolben auf geringes Spiel eingestellt (achsiale Dummydichtung).

Die erste Ausführung ist in jeder Beziehung die unvorteilhafteste, weil sie eine sehr genaue Einstellung des Rotors in radialer u n d achsialer Richtung verlangt und schon sehr geringe Aenderungen der Lage ein Anschleifen der Ringe und selbst ihre Zerstörung herbeiführen können. Die Einstellung des Schaufelspieles kommt in diesem Falle gar nicht in Betracht, weil dasselbe viel größer ist als das Dummyspiel.

Die dritte Ausführung gestattet reichliche radiale Verschiebung, verlangt aber eine sehr genaue achsiale Einstellung.

Noch besser erscheint die zweite Konstruktion, da sie reichliches achsiales Spiel gewährt und eine Verlagerung des Rotors in radialer Richtung den Ringen wegen ihrer Anschärfung wenig Gefahr bringen kann. Sie werden beim Neubau häufig ohne radiales Spiel hergestellt, so daß sich dasselbe erst im Betrieb durch Einschleifen bildet.

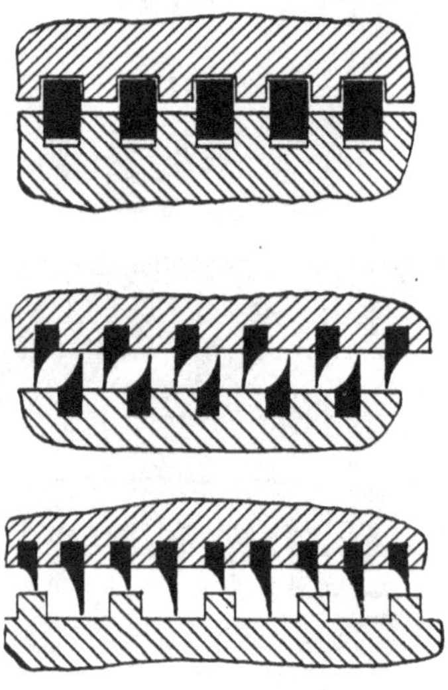

Abb. 22. Stopfbüchsendichtungen.

Labyrinthdichtungen für die „Stopfbüchsen“ (an den Wellenaustritten) sind in Abb. 22 dargestellt. Bei der ersten Bauart sind die Nuten sowohl in das Gehäuse wie in die Welle eingedreht. In die letzteren sind kleine, aufgeschnittene Ringe (nach Art der Ramsbottomringe) aus Bronze eingesetzt, die mit geringem achsialen und radialen Spiel in die Nuten des Gehäuses hineinragen.

Im zweiten Falle sind wieder angespitzte, fest eingesetzte Ringe im rotierenden Teil verwendet und im dritten Beispiel feste Ringe nur im ruhenden Teil. Niedrige Ringe stehen den auf der Welle stehengebliebenen gegenüber, hohe ragen in die Nuten der Welle hinein.

Häufig wird die erste Konstruktion auch mit einer der letzten kombiniert, indem das halbe Labyrinth angespitzte Ringe erhält und die andre Hälfte Ramsbottomringe, die aber nicht wie beim ersten Beispiel in den Nuten des Gehäuses laufen, sondern direkt mit ihrer Peripherie gegen das zylindrisch ausgebohrte Gehäuse schleifen.

Die zweite und dritte Ausführung sowie die kombinierte sind jetzt die gebräuchlichsten, weil am sichersten im Betriebe.

Bei der radialen Dichtung ist möglichst konzentrische Einstellung, d. h. gleichmäßige Verteilung des Spieles, bei der achsialen tunlichst geringes Längsspiel Bedingung für gute Dichtung.

Während eine Revision der Dummydichtung nur durch Abheben des Turbinengehäusedeckels möglich ist, wird die Stopfbüchsendichtung leichter zugänglich gemacht (Abb. 17 und 18). In die erweiterten Wellendurchgangsstellen wird eine zweiteilige Büchse gesetzt, welche die ruhende Dichtung trägt. Diese Büchse findet wieder Aufnahme in einem zweiteiligen Ringgehäuse, das durch Kopfschrauben und Flansch dampfdicht gegen das Turbinengehäuse geschraubt wird. Dabei ist die Bohrung im Gehäuse so groß gehalten und der äußere Durchmesser des Ringgehäuses so klein, daß die gelösten Hälften nach Abheben von der Welle ein Freikommen vom gegenseitigen Dichtungseingriff und ungehinderte Herausnahme gestatten.

Jede Stopfbüchse erhält einen oder zwei Ringräume (in Abb. 17 und 18 zwei). Ist nur einer vorhanden, so wird der der vorderen Büchse durch eine Rohrleitung mit dem der hinteren verbunden. Diese Verbindungsleitung erhält einen Anschluß an den Kondensator mit eingeschaltetem Sperrventil, das sogenannte Absaugventil. Ein zweiter Rohranschluß führt zu einem Frischdampfventil, dem Sperrdampfventil. In der Hochdruckturbine gelangt bei hoher Leistung Leckdampf durch das Dummylabyrinth in die Stopfbüchse. Die Labyrinthe halten aber nicht so dicht, daß nicht Dampf mit Ueberdruck nach außen gelangt. Auch die hintere Stopfbüchse steht unter Ueberdruck. Die Drucke gleichen sich durch die Verbindungsleitung aus. Bei den relativ hohen Spannungen würden Wasserverluste entstehen, die man durch Oeffnen der Absaugeleitung umgeht. Sie wird so weit geöffnet, daß nur ein leichter Dampfnebel (Vrasen) erkennbar ist, als Zeichen, daß die Stopfbüchsen noch unter leichtem Ueberdruck stehen. Wird die Absaugeleitung zu weit geöffnet, dann saugt sie nicht allein Dampf ab, sondern von außen noch dazu Luft ein und eine Verschlechterung des Vakuums ist die Folge. Das ist unter allen Umständen zu vermeiden.

Bei niedrigen Leistungen und Manövern tritt der Fall ein, daß die hintere Hochdruckstopfbüchse unter geringerem als atmosphärischem Druck steht und der Leckdampf der vorderen nicht ausreicht, um sie zu dichten, bzw. daß beide Stopfbüchsen unter äußerem Ueberdruck stehen. Da in beiden Fällen Luft eingesaugt würde, muß Sperrdampf angestellt werden, und zwar so viel, daß wieder schwache Vrasen erkennbar sind. Für die Niederdruck- und Rückwärtsstopfbüchsen trifft das gleiche zu.

Erhält jede Stopfbüchse zwei Ringkanäle, dann werden die inneren und die äußeren durch je eine Leitung miteinander verbunden. Die innere erhält gewöhnlich nur an den Kondensator Anschluß und tritt als Absaugeleitung bei hoher Leistung in Tätigkeit, da dann die Absaugeleitung, welche dazu an die äußere Verbindungsleitung angeschlossen ist, nicht ausreicht. Diese erhält dagegen von beiden allein Sperrdampfanschluß. Bei andern Ausführungen erhält auch die innere Leitung Frischdampfanschluß, der in diesem Falle lediglich zum Anwärmen der Turbinen benutzt wird.

§ 27.

Traglager und Druckschmierung.

Der Rotor wird mit seinen Wellenenden in zwei Traglagern gestützt. Sie sind in Lagerstuhlen untergebracht, welche mit dem unteren Turbinengehäuseteil aus einem Stück gegossen oder mit demselben verschraubt sind (wie in Abb. 17 und 18). Die Lagerschalen bestehen aus Bronze, Gußeisen oder Stahlguß und sind mit Weißmetall ausgegossen. In die Unterschalen werden vielfach ein oder zwei Leisten aus zäher Bronze eingesetzt, die nur 0,5—1 mm vom Weißmetall bedeckt sind. Falls ein solches Lager warm lauft und das Lagermetall schmilzt, was bei Störungen in der Oelzufuhrung sehr schnell eintreten kann, so werden die Leisten den Rotor in einer Stellung abfangen, in der wohl die Labyrinthe schon beschädigt sind, aber die Schaufeln noch vor dem Anstreifen bewahrt bleiben. Die Oberschalen werden lose aufgepaßt, da sie nur ein Springen des Rotors zu verhüten haben, denn die Belastung kommt auf die Unterschalen. Letztere sind außen halbrund gehalten, um sie zwecks Revision oder Neuausgusses leicht aus dem Stuhl herausdrehen zu können, nachdem die Welle einige Zehntel Millimeter angeluftet ist.

Durch die Unterschalen wird die Höhen- und Seitenlage des Rotors bestimmt. Die Einstellung hat so zu erfolgen, daß Labyrinth- und Schaufelspiele oben, unten und seitlich uberall gleich sind. Wahrend bei richtiger Adjustierung seitliche Verlagerung nur in sehr geringem Maße eintritt, und zwar nach der Seite, nach welcher der Propeller ausschlagt, bedarf die Kontrolle der Höhenlage um so größerer Aufmerksamkeit. Fur die Senkung des Rotors sind bestimmte Grenzen (0,2—0,5 mm) genau vorgeschrieben. Sind diese erreicht, so muß Neuausguß der Lager oder Hochbringen in die alte Lage, je nach Bauart der Lager, erfolgen. Die Grenze der Senkung wird durch das radiale Labyrinth und Dummyspiel bestimmt, da diese in viel engeren Grenzen als das Schaufelspiel liegen. Der Verschleiß der Unterschalen ist demnach auf das sorgfältigste zu kontrollieren und es gilt, ihm so gut wie möglich entgegenzuarbeiten, um die Betriebssicherheit zu erhöhen. Dazu bietet die Druckschmierung ein vorzügliches Mittel. Sie wirkt als sogenannte Schwemmschmierung, indem große Oelmengen durch die Lager gepumpt werden, die alle Unreinigkeiten und ausgeschlissenen Metallpartikelchen wegschwemmen und ständig eine dunne Schicht Oel zwischen Lagermetall und Welle erhalten. Eine Berührung der Metalle findet nicht statt und der Verschleiß wird derartig vermindert, daß gut gewartete Turbinen selbst in jährlichem Betriebe eine kaum meßbare Lagerabnutzung aufweisen.

Es kommt ein mineralisches (säurefreies), nicht seifendes Oel zur Verwendung, das durch eine Dampfpumpe unter einem Druck von 0,3—4 Atm., je nach Größe der Turbine, gefördert wird. Die Oelwege in den Lagern werden verschieden ausgebildet. In Abb. 17 und 18 z. B. erfolgt die Einführung in den Lagerdeckel. Das Oel tritt in einen in das Weißmetall der Ober- und Unterschale eingedrehten Ringkanal, von welchem in jeder Schale in der Längsrichtung des Lagers 2—3 breite Nuten bis zu den Lagerenden gehen. Die Welle läuft in diesem Falle auf breiten Metalleisten. Das Oel läuft aus den Längsnuten in den hohlen Lagerstuhl ab und fließt durch ein

Anschlußrohr einem tiefgelegenen Sammeltank zu. Bei anderen Ausführungen ist im Lager nur ein Ringkanal vorhanden, dagegen erhält die Laufstelle der Welle auf den Umfang verteilt drei oder vier eingefräste Längsnuten, durch welche das Oel der ganzen Lagerlänge zugeführt wird. Eine dritte Bauart ist die, daß das Oel in die Unterschale eingeführt (Abb. 51), durch in das Weißmetall geschlagene geschweifte Nuten und außerdem durch Längsnuten in der Welle verteilt wird. Durch die Längsnuten wird der Durchfluß großer Oelmengen und die Erhaltung einer Oelschicht in den ganzen Weißmetallaufflächen erzielt. Bei Einführung des Oeles in die Unterschale erhält die Oberschale nur nach den Außenseiten zu ein paar eingegossene Weißmetallbügel, während in den Zwischenraum ein Handloch reicht, in welchem die Oeltemperatur stets durch Thermometer oder nach dem Gefühl ermittelt werden kann. Innenkühlung durch Wasser findet man nur noch bei sehr großen Turbinen, weil die großen durchgepumpten Oelmengen hinreichend Wärme abführen.

Im Sammeltank wird das abfließende Oel über feine Siebe geleitet und filtriert. Unten am Tank gestattet ein Hahn das Ablassen von Wasser, welches ins Oel gelangt ist und hier zu Boden sinkt. Dieses Wasser ist das Kondensat von Leckdampf der Stopfbüchsen, der in den dicht daran liegenden Lagerstuhl einzieht. Das Eindringen desselben sowie Oelverlust an den Austrittsstellen der Welle aus dem Lagerstuhl wird nach Möglichkeit durch einige Abstreifringe (Abb. 23) verhutet. In bezug auf das Oel gelingt es völlig, doch kann der feine Dampfvrasen nicht völlig vom Lagerstuhl ferngehalten werden. Aus dem Sammeltank saugt die Pumpe das Oel wieder an. In die Saugeleitung sind zwei parallel geschaltete Oelfilter (zylindrische Behalter mit eingesetzter feiner Drahtgaze) angebracht, in denen das Oel nochmals gereinigt wird. Die Deckel der Oelfilter werden gewöhnlich mit Bügel und Druckschraube auf ihre Dichtung gedrückt. Die Gaze sitzt am Deckel und ist als unten geschlossener Zylinder aut ein Flacheisengestell gelotet. Jeder Filter ist durch Hähne absperrbar, so daß während des Betriebes, der nur einen Filter erfordert, der andre revidiert und gereinigt werden kann. In der Druckleitung passiert das Oel vor dem Eintritt in die Lager einen Kühler, dessen Behälter von der Kühlpumpe entnommenem Wasser durchflossen wird, während das Oel durch Rohrschlangen geht. Andre Kühler sind nach Art der Kondensatoren ausgeführt. In diesem Falle geht das Oel durch die vom Wasser umspülten Rohre. Vor und hinter dem Kühler gestatten angebrachte Thermometer die Kontrolle der Temperaturen des abgeleiteten und des den Lagern zufließenden Oeles.

Jeder Turbinensatz erhält zwei Oelpumpen, von denen immer eine als Reserve dient.

Zur Kontrolle der radialen Lage des Rotors und Messung der Lagerabnutzung sind entweder in den Lagerdeckeln Mikrometerschrauben angebracht oder es sind Schubleeren bzw. Meßbrücken vorgesehen, die, mit ihren Bügeln auf festen Ansätzen an den Lagerböcken aufgesetzt, das Einsenken einer Schubleere bis auf die Oberkante der Welle und die direkte Ablesung ihrer Höhenlage ermöglichen.

§ 28.

Das Kammlager.

Als Drucklager findet in der Parsonsturbine ein sogenanntes Kammlager Verwendung. Dasselbe bildet einen sehr wichtigen Bestandteil der Turbine, weil es den

Rotor in achsialer Lage zu halten hat, durch seine Einstellung also das achsiale Spiel zwischen Leit- und Laufschaufeln und das vielfach noch kleinere der Labyrinthe in Stopfbüchsen und Dummykolben bestimmt wird.

Das Kammlager besteht aus zwei Stahlguß- oder Gußeisenschalen, die gewöhnlich vor dem vorderen Traglager im Lagerstuhl untergebracht sind. In die Schalen sind Halbringe aus Bronze fest eingesetzt (Abb. 23). Häufig sind die in jede Schale eingetriebenen Halbringe noch wieder geteilt, um Zwischenräume für die Zufuhrung des auch hier verwendeten Drucköles in die Laufflächen zu schaffen. Die Ringe sind schwacher als die Nuten zwischen den Kammringen der Welle. Die Halbringe der Oberschale liegen gegen die Hinterseite der Kammringe, diejenigen der Unterschale gegen die Vorderseite der Kammringe Die erstere Schale nimmt damit nach hinten gerichteten, letztere nach vorn gerichteten Schub auf Zwischen den Randleisten

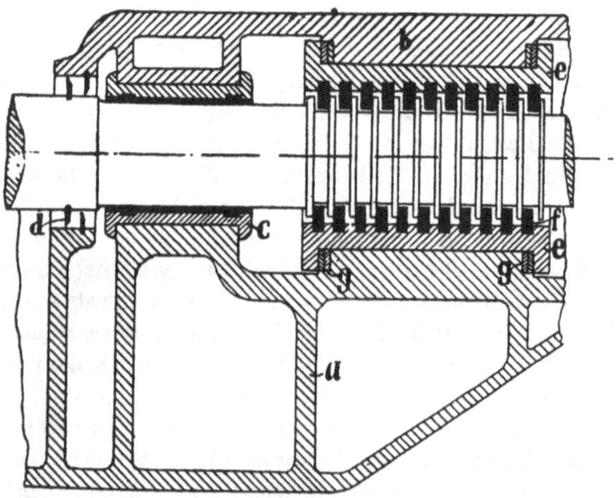

Abb 23. Kammlager.
a Lagerstuhl, b Lagerdeckel, c Traglager, d Oelabstreifringe, e Kammlagerschalen, f Druckringe, g Beilagen.

der Schalen und ihren Bettungen in Lagerstuhl und Deckel bestehen Zwischenräume, die durch Paßbleche ausgefullt werden. Die Schalen sind zueinander so einzustellen, daß ihre Druckringe an die Kammringe leichte Anlage erhalten (mindestens 0,1 mm Spiel), dann miteinander so, daß der Rotor fur Labyrinthe und Beschaufelung die richtige achsiale Lage erhält. Bei der Montage wird erst ohne Labyrinthe durch Verschiebung des Rotors nach vorn und hinten bis zur Berührung der Schaufeln das tatsächlich vorhandene Schaufelspiel festgestellt, dann erst die Labyrinthe eingesetzt. Dichten diese radial, dann erfolgt die Rotoreinstellung auf Schaufelspiel, und zwar in der Weise, daß die Laufschaufeln von den vor ihnen liegenden Leitschaufeln einige Zehntel Millimeter weniger Abstand erhalten als von den hinter ihnen liegenden. Dichten die Labyrinthe aber achsial, dann hat die

Rotoreinstellung auf Labyrinthspiel zu erfolgen, das durchweg nur 0,1—0,3 mm beträgt. Dabei muß das Schaufelspiel innerhalb der vorgeschriebenen Grenzen bleiben.

Einige Turbinenfabriken montieren das Kammlager in einem großen Gleitblock, der im Lagerstuhl in der Längsrichtung verschiebbar gebettet wird. Ein oder zwei starke Spindeln mit flachem Gewinde gehen durch den Block und sind im Lagerstuhl drehbar, aber nicht verschiebbar angebracht, so daß durch Drehung der Spindeln eine Verschiebung des Lagers und Verstellung des Rotors erreicht wird. Bei einer andern Ausführung sitzt die Spindel fest im Block und geht an Vorkante Stuhl durch eine drehbare, aber nicht verschiebbare Mutter. Ihre Peripherie ist zu einem Schneckenrade ausgebildet, in das eine mit aufsetzbarem Schlüssel drehbare Schnecke faßt (Abb. 17 und 18).

Bei größeren Turbinen erhalten die Laufflächen der Druckringe Weißmetallausguß, also immer nur auf einer Seite. Infolge der Anwendung von Druckschmierung und der durch Schubausgleich sehr geringen Belastung ist die Abnutzung äußerst gering. Wasserkuhlung fallt meistens fort.

Die Messung der achsialen Lage des Rotors erfolgt gewöhnlich mittels Mikrometerschraube, welche in einem Futter im vorderen Gehäuseboden sitzt und bei der Messung gegen den Dummykolben geschoben wird. In andern Fällen wird die Meßvorrichtung vorn am Lagerstuhl angebracht. Die Messung erfolgt dann gegen die Vorkante der Welle.

Eine andre Kammlagerbauart, die auch bei großen Parsonsturbinen erfolgreiche Anwendung findet, wird bei der A.E.G.-Curtisturbine eingehend beschrieben.

§ 29.

Schnellschlußvorrichtung und Dampfsieb.

Um ein Durchgehen der Turbine bei plötzlicher Entlastung wie Wellenbruch, Propellerverlust oder Lenzschlagen der Schraube in schwerem Seegang zu verhuten, wird vor dem Manövrierventil eine Schnellschlußvorrichtung in die Dampfzuleitung geschaltet. Sie besteht entweder aus einer Drosselklappe oder einem besonderen Ventil. Während durch erstere nur eine Abdrosselung des Dampfes erfolgt, schließt das Ventil den Dampfdurchlaß vollkommen ab. Klappe oder Ventil müssen den Zudampf bei einer Ueberschreitung der höchsten Umgangszahl von 5—10% automatisch schließen, weil die Turbine im Falle plötzlicher Entlastung so hohe Drehzahlen aufnehmen kann, daß die Fliehkräfte dem rotierenden Teile gefährlich werden, d. h. daß z. B. der Rotor, bei dem eine Ausbalancierung nie vollkommen gelingt, einseitig durchgezogen wird, oder die Schaufeln aus ihrer Befestigung sich lösen.

Die Betätigung der Sperrung erfolgt nicht durch die Hochdruckturbine allein, sondern auch durch jede der anderen Wellen. Geht z. B. eine Niederdruckturbine durch, dann erfolgt von ihrer Welle aus die Betätigung des den Zudampf zur Hochdruckturbine sperrenden Schnellschlusses.

Gewöhnlich sitzt vor dem Kammlager jeder Turbine ein mit Schnecke von der Welle angetriebener Regulator (Abb. 17 und 18) oder es ist auf die Welle ein sogenannter Sicherheitsregulator gesetzt. Letzterer besteht aus einem über die Welle gestreiften

Ring, der an einer Stelle stärker und schwerer gehalten ist als an den übrigen. Die verstärkte Stelle ist die einzigste, mit der die Ringbohrung Anlage an der Welle hat, wenn der Ring konzentrisch zu ihr liegt. Im übrigen ist er weiter ausgespart als die Welle stark ist. Der verstärkten, schweren Stelle gegenüber ist in eine Bohrung des Ringes und gegenüberliegend in der Welle eine Spiralfeder eingelassen, welche durch ihre Spannung den Ring mit seiner Verstärkung gegen die Welle zieht, ihn also in konzentrischer Lage hält. Beim Betriebe sucht die Zentrifugalkraft den Ring nach der beschwerten Seite aus der konzentrischen Lage herauszuziehen, doch gelingt dies erst durch Zusammendrücken der Feder. Ihre Spannung wird so bemessen, daß sie erst bei einer Ueberschreitung der höchsten Drehzahl um 5—10% nachgibt. Durch den dann erfolgenden einseitigen Ausschlag des Ringes, bzw. bei Anbringen eines mit Schnecke angetriebenen Regulators durch Ueberschreiten des Normalausschlages wird gewöhnlich ein eingeklinkter, federbelasteter Kolbenschieber ausgelöst, der von seiner Feder in eine andre Stellung geschoben wird. Die Drosselklappe oder das Schnellschlußventil stehen ebenfalls unter der Einwirkung einer Feder. Diese Feder wird bei geöffneter Klappe oder Ventil durch eine Klinkvorrichtung festgehalten. Die Klinkvorrichtung besitzt Verbindung mit einem von einer Seite durch Dampf oder dem Drucköl der Turbinenölpumpe belasteten Kolben, dessen andre Seite Anschluß an den Kondensator bzw. die Oelsaugleitung, und zwar über den federbelasteten Kolbenschieber am Regulator erhält. Löst nun der Schnellschlußregulator den Kolbenschieber aus, so wechselt er durch seine Bewegung die Rohrverbindungen mit dem Auslösungskolben an der Klappe bzw. dem Schnellschlußventil. Die Druckseite desselben wird jetzt unter Vakuum gesetzt, die andre Seite aber unter Druck. Die erfolgende Kolbenbewegung löst die Klinke aus und unter dem Druck der sich entspannenden Feder werden Drosselklappe bzw. Schnellschlußventil geschlossen. Zur Wiederfreigabe des Dampfweges muß einmal der Kolbenschieber am Regulator unter Spannen seiner Feder wieder eingeklinkt werden, desgleichen die die Drosselklappe oder das Schnellschlußventil betätigende Spindel. Dabei geht der Wechselkolben der letzteren wieder in die Sicherungsstellung und hält die Klinke fest. Bei Anordnung einer Drosselklappe wird die Feder unter Oeffnen der Klappe gewöhnlich mittels eines Hebels gespannt. Ist ein Schnellschlußventil vorgesehen, so wird die Feder durch Drehen der Ventilspindel erst wieder gespannt, bis das Einklinken erfolgt und dann das Ventil aufgedreht. Um den Schlag des Kegels auf den Sitz beim Schnellschluß zu mildern, wird die Spindel vielfach mit einem Pufferkolben verbunden, unter dem sich beim Schluß ein kräftiges Luftkissen bildet.

Bei andern Bauarten fallen die Kolben bzw. Schieber mit ihren Druck- und Vakuumleitungen fort und der Ausschlag des Schnellschlußregulators wird durch Hebel und Zugstange direkt auf die die Klappen- oder Ventilfeder sperrende Klinke übertragen.

Die Beschreibung der Schnellschlußvorrichtung ist deshalb etwas allgemeiner gehalten, weil fast jede Fabrik ihre eigene Bauart hat.

Hinter das Hauptabsperrventil wird in die Dampfleitung ein Sieb geschaltet, um die Schaufelung und Labyrinthe vor Zerstörung durch Eindringen von Fremdkörpern zu schützen. Es besteht gewöhnlich aus einem in das direkt an die Turbine angeschlossene Zudampfrohr eingebauten Trichter oder Zylinder mit gewölbtem Boden, in dessen Wandungen Löcher von 3—5 mm Weite gebohrt sind. Als Material wird zähe Gußbronze verwendet.

In andern Fällen wird das Sieb in den Wasserabscheider verlegt.

§ 30.

Entwässerung.

Hochdruckturbinen erhalten gewöhnlich zwei Entwässerungen, eine auf der Dampfeintritts-, eine auf der Dampfaustrittsseite (Abb. 17 und 18), Niederdruck- und Rückwärtsturbinen nur beim Dampfeintritt. Die Sperrhähne sind vom Manövrierstand aus bedienbar, die Leitungen mit dem Kondensator bzw. einem mit diesem verbundenen Sammeltopf angeschlossen.

§ 31.

Behandlung der Turbinen.

Ueber die Behandlung der Turbinen können hier nur allgemeine Richtlinien angegeben werden. Für jede Konstruktion ist gewöhnlich die Behandlung vom Erbauer besonders vorgeschrieben.

Vor Inbetriebsetzung der Turbinen ist in kaltem Zustande mit den Mikrometern die Lage der Rotoren in achsialer und radialer Stellung zu kontrollieren. Ist die Grenze der Lagersenkung oder die der Kammlagerstellung erreicht oder überschritten, dann darf die Turbine nicht in Betrieb genommen werden, bevor nicht die vorgeschriebene Lage wiederhergestellt ist. Die Kontrolle muß mit peinlicher Sorgfalt ausgeführt werden, da von Bruchteilen eines Millimeters die Sicherheit der Maschine abhängt.

Ist in den Traglagern die Grenze der Senkung erreicht, so muß die Unterschale entweder neu ausgegossen oder höher gebracht werden, je nach Vorschrift und Bauart. Das Herausnehmen der Unterschale gestaltet sich gewöhnlich folgendermaßen: Nach Entfernen von Deckel und Oberschale wird die Welle beim Lager entweder mit Druckschrauben oder durch Flaschenzug um das Stück: Lagerabnutzung + Labyrinthspiel angehoben und die Welle in dieser Lage durch beigegebene Bügel oder Keile abgestützt. Die Unterschale kann jetzt herausgedreht werden. Nachdem sie durch Neuausguß oder durch Unterlegen eines der Senkung entsprechenden Bleches verstärkt ist, kann sie wieder eingebaut und der Rotor nach Beseitigung der Wellenabstützung wieder gelagert werden. Das Spiel der Oberschale ist so zu bemessen, daß jede Klemmung vermieden wird, da sie keine Belastung erfährt.

Die richtige Stellung des Kammlagers wird durch entsprechende Bemessung der Beilagen bzw. durch die Zugspindeln hergestellt.

Das Aufmessen der Lager hat auch in durchwärmtem Zustande zu erfolgen. Man wird die Beobachtung machen, daß die Aufmessung Unterschiede gegen die „kalte" Messung aufweist, und zwar für die Traglager vielfach +, d. h. der Rotor ist durch die Dehnungen scheinbar höher gekommen. Die „kalte" Messung ist die maßgebende doch muß die warme Messung ebenfalls festgestellt werden, falls z. B. beim Warmwerden eines Lagers eine sofortige Aufmessung gleich nach der Betriebsunterbrechung erforderlich wird. Sie fallt allerdings, je nach dem Grade der Durchwarmung, verschieden aus. Das Ergebnis der Messung wird jedesmal mit Datumsangabe in einem „Lagerbuch" festgelegt. Die „kalte" Messung soll nach Moglichkeit immer nach der Außerbetriebsetzung der Turbine vorgenommen werden, sobald sie vollkommen abgekühlt ist. Das dauert je nach Größe der Maschine 1—3 Tage. Zur Kontrolle ist die Messung vor der Inbetriebnahme nochmals auszuführen. Größte Gewissenhaftigkeit ist dabei unbedingt erforderlich.

Das Oel im Sammeltank wird auf gute Beschaffenheit, das Sieb auf Sinkstoffe und Reinheit untersucht. Finden sich Metallspäne vor. so ist ihre Herkunft genau zu erforschen, da glatte Lagerflächen Grundbedingung für sicheren Betrieb sind. Durch einen Hahn am Tank kann man wahrend der Ruhezeit zu Boden gesunkenes Wasser ablassen. Das Wasser rührt vom Stopfbüchsenleckdampf her, der trotz der vor Stopfbüchsen und Lagern angeordneten Dampfschirme in die Lager hineinzieht Erweist sich das Oel als mit Wasser durchsetzt, so kann es entweder im Sammeltank durch eine Heizschlange oder durch einen Auskochtopf ausgekocht und dadurch das Wasser ausgeschieden werden, indem es mit der Pumpe durch den Topf gefordert wird. Sobald Andeutungen (z. B. ungewohnlicher Lagerverschleiß) vorhanden sind, daß die Qualität des Oeles nicht mehr den Anforderungen entspricht, ist dasselbe auszuwechseln.

Die Filter sind ebenso auf Reinlichkeit zu prufen wie die Siebe in den Schlammtopfen fur die Lagerkuhlleitungen. Im Tank muß genug Oel vorhanden sein, damit die Oelpumpen bei Seegang nicht lenzschlagen.

Die Maschinendrehvorrichtungen sind auszurucken; nach Inbetriebnahme der Kondensatoren und Luftpumpen blast man Sperrdampf in die Stopfbuchsen. Die Entwasserungen sind geöffnet. Infolge des in den Gehäusen herrschenden Vakuums, das möglichst hoch zu halten ist, kann so viel Stopfbüchsendampf angestellt werden, daß die Maschinen langsam durchwärmen. Während dieser Zeit sind die Oelpumpen abwechselnd in Betrieb zu nehmen, um beide zu prüfen. Der Oeldruck wird durch die Gangart der Pumpen und eventuell durch in die Zuleitungsrohre eingebaute Drosselventile geregelt. Die Beschäffenheit des ablaufenden Oeles kann im Tank kontrolliert werden.

Der Schnellschluß ist durch Handauslosung zu probieren.

Große Turbinen werden durch Lüften der Dampfeinlaßventile (vor- und ruckwärts zugleich) vorgewärmt, kleinere auf diese Weise in der letzten halben Stunde, Niederdruck- und getrennte Rückwärtsturbinen bei bestimmten Schaltungen durch Manöver- und Wechselventile. In der letzten ganzen bzw. bei kleinen Aggregaten in der letzten halben Stunde laßt man die Maschinen nach beiden Richtungen langsam drehen. Große Turbinen sind 3—4, kleinere 1½—2 Stunden lang anzuwarmen, und zwar möglichst langsam, damit alle Teile sich allmählich dehnen und die Gehäuse in den „losen" Befestigungen den Dehnungen folgen konnen.

Das Anlassen der Maschinen hat langsam zu erfolgen, um sprungweise Dehnungen, starke Kondensation und das Mitreißen von Wasser zu verhüten, das der Schaufelung gefährlich werden kann. Besonders groß wird die Gefahr beim Ueberkochen der Kessel. Durch die großen Geschwindigkeiten kann das mitgerissene Wasser die Schaufeln verbiegen, die im unteren Gehäuseteile durch das Wasser schleifen, sie zum Anlaufen bringen, und der Bruch ist da! Kochen die Kessel, so ist unter Oeffnen der Entwässerungen sofort zu reduzieren. Die Entwässerungen der nicht in Betrieb befindlichen Turbinen (beim Vorwärtsgang z. B. die Rückwärtsmaschinen) bleiben stets offen, die der angelassenen Turbinen so lange, bis sie wasserfrei sind Sehr vorsichtig muß man auch beim Hochgehen mit den Umdrehungen verfahren; man betreibe das noch vorsichtiger als bei Kolbenmaschinen.

Während der Fahrt sind die Lager, der Oeldruck, die Oeltemperatur, die Filter und die Beschaffenheit des Schmiermaterials sorgfältig zu kontrollieren. Jede Lagerölleitung hat am Maschinistenstand ihr Manometer. Wärmt sich ein Lager an (es wird mit Lagertemperaturen bis zu 55 ° C gefahren), so ist der Oeldruck etwas zu erhöhen. Hilft das nicht, dann muß die Fahrt vermindert werden, bis das Lager wieder normale Temperatur annimmt. Kann volle Fahrt nicht wieder aufgenommen werden, so ist zu stoppen, das Lager aufzumessen, die Ursache der Erwärmung zu ermitteln und zu beseitigen, ehe die Fahrt wieder aufgenommen wird. Heißlaufen bedingt sofortiges Stoppen! Warmlaufen von Lagern ist bei vorschriftsmäßiger Wartung und der intensiven Schmierung und Wärmeabfuhrung allerdings ein seltenes Vorkommnis. Man werde aber durch diese Sicherheit nicht nachlässig, denn ein warmes Lager hat, wenn es zum „Laufen“ kommt (und das geht bei der hohen Umlaufgeschwindigkeit rapide!), in der Turbine viel schwerere Folgen als in der Kolbenmaschine! Dieser schadet es eventuell nichts, jene kann in wenigen Augenblicken in Schaufelung und Labyrinthen vollkommen zerstört werden. Man lasse sich dadurch, daß alles gut geht und die Lagermessungen infolge der guten Schmierung fast immer dasselbe Bild geben, nie zur Sorglosigkeit verleiten! Die Vorsicht kann nicht weit genug gehen

Zugunsten hoher Wirtschaftlichkeit wird der Rotor (besonders bei Abnahmefahrten, möglichst weit „nach vorn geholt“, selbst bei großen Turbinen bis auf 1 oder gar 0,5 mm, d. h. die Laufschaufeln möglichst nahe an ihre Leitschaufeln herangebracht, um die aus der Leitschaufelung tretenden Dampfstrahlen unmittelbar zur Wirkung zu bringen. Auf solche Experimente lasse man sich zugunsten der Sicherheit der Maschine nie ein; sie könnten doch einmal (und das ist häufig geschehen) teuer zu stehen kommen.

Die Stopfbüchsen sind gut unter Beobachtung zu halten. Es führen von ihnen Vrasenrohre gewöhnlich in die Nähe des Maschinistenstandes, die die Beobachtung erleichtern. Zuviel Sperrdampf hat Wasserverluste zur Folge, zu wenig Dichtung beeinträchtigt das Vakuum und bringt Luft in das Kondensat.

Eine Kontrolle der inneren laufenden Teile der Turbine während des Betriebes wird durch einen sogenannten Horchstab ermöglicht, der aus einem Stahlstabe mit angeschlossener Schalldose besteht. Anormale Geräusche sind mit diesem Instrument leicht feststellbar.

In großen Anlagen mit getrennten Rückwärtsturbinen erhöht sich beim Dauerbetriebe mit Volleistung die Temperatur infolge der Ventilationsarbeit der Beschaufelung ganz erheblich, so daß von Zeit zu Zeit etwas Frischdampf durch die Manövrierventile eingelassen werden muß, um sie zu kühlen. Zeitfolge und Dampfmenge hat man natürlich nach der fühlbaren Temperatur zu bemessen. Das gleiche hat mit den Vorwärtsturbinen zu geschehen, wenn aus irgendwelchem Grunde längere Zeit rückwärts gefahren werden muß.

Werden die Turbinen nicht mehr gebraucht, dann ist unter Oeffnen der Entwässerungen und Anstellen von etwas Sperrdampf die Luftpumpe noch eine Stunde zur Erzeugung möglichst hoher Luftleere in Gang zu halten, damit Gehäuse und Rotor durch ihre Eigenwärme gut austrocknen. Der Zweck ist, bei längerer Betriebspause inneren Anrostungen vorzubeugen. Da, wo die Rotoren sonst geschlossen sind, haben sie am Abdampfende häufig eine Entwässerungsöffnung. Eine auf einer Wellenkupplung angebrachte Marke läßt erkennen, wenn die Oeffnung nach unten steht. Entsprechend ist die Turbine beim Abstellen abzustoppen.

Es empfiehlt sich, bald nach dem Stoppen Lagermessungen bei warmer und kalter Maschine vorzunehmen, um eventuell nötig werdende Maßnahmen gleich treffen zu können.

Bei längerer Außerbetriebsetzung sind die Turbinen täglich zu drehen. Den Lagern ist direkt etwas Turbinenöl zuzuführen, damit Wellen- und Kammzapfen nicht rosten, denn die Adhäsion des Turbinenöles ist nicht bedeutend.

§ 32.

Revision der Turbinen.

Beschaufelung, Dummydichtung und Stopfbüchsen erfordern in gewissen Zeiträumen bei normalem Verlauf des Betriebes eine Untersuchung. Die Zeitabstände werden verschieden bemessen. Die erste Revision nimmt man gewöhnlich gegen das Ende des ersten Jahres vor, von da ab in Abständen von 2—3 Jahren. Machen sich irgendwelche Schäden oder Störungen bemerkbar, so ist die Untersuchung sofort einzuleiten.

Es kommt vor, daß sich Turbinenwellen im Stevenrohr fressen und festlaufen. Um festzustellen, wo der Schaden liegt, muß die Rotorwelle vom Schaft losgekuppelt und mit der Drehvorrichtung festgestellt werden, ob die Schwergängigkeit in der Turbine oder in der Welle liegt. Ist ersteres der Fall, so muß natürlich die Turbine aufgenommen werden. Sind die Lager in Ordnung, dann kann die Schwergängigkeit nur in den Stopfbüchsen, Dummydichtung oder Schaufeln liegen. Die Stopfbüchsen kann man leicht ausbauen. Dagegen erfordern Dummydichtung und Schaufelung ein Abnehmen des Gehäusedeckels.

Alle Rohranschlüsse und Verbindungen am Gehäusedeckel sind zu beseitigen. Dazu gehören in erster Linie Dampfein- und -auslaß. Die Flanschverbindungsschrauben zwischen dem Untergehäuse und Deckel sind wegzunehmen, ebenso die Lagerdeckel, die Stopfbüchsen auszubauen. An jedem Lagerstuhl oder den Untergehäusedeckeln (den flachen Endflächen) sind glatte Flächen mit Stiftschrauben hergestellt oder Bohrungen (an den Gehäuseenden in starken Ansätzen) zur Aufnahme von kräftigen Stahlsäulen, die am oberen Ende meistens, um ihnen guten Halt zu geben, an Raumspanten geschraubt sind. Diese Säulen werden von kräftigen, aus Gußeisen oder Stahlguß gefertigten Gleithülsen umfaßt, welche mit Flansch am vorderen bzw. hinteren Boden der oberen Gehäusehälfte befestigt sind. Die Säulen dienen nun beim Abheben des Deckels als Gleitbahnen, die Hülsen als Gleitschuhe. Unter letztere faßt auf jeder Seite ein mit dem Flaschenzug verbundenes Querhaupt. Das Anheben des Deckels auf dem vorderen und hinteren Ende, gewohnlich mittels kraftiger Flaschenzuge, hat ganz gleichmaßig zu geschehen, da das schnellere Anheben auf einem Ende sofort zum Ecken der Hülsen an den Saulen fuhrt und weiteres Heben unmöglich macht. Ganz genaue Führung der abzunehmenden Gehäusehälfte oder des zu luftenden Rotors durch die Säulen und Hülsen bzw. beim Zusammensetzen und Einfieren ist erforderlich, um ein Verbiegen und Brechen von Schaufeln oder Dummyringen zu verhuten. Vielfach werden alle vier Saulen mit gleicher Teilung versehen, um die gleichmäßige Be-

Abb. 24. Hochdruck-AEG-Schiffsturbine mit Hebevorrichtung

wegung direkt ablesen zu können. Weiter kann man auch die Flaschenzuge durch eine Kette miteinander verbinden und auf diese Weise ihre Bewegung gleichmaßig zu machen. Die Flaschenzüge müssen naturlich genau ubereinstimmen. Abb. 24 zeigt eine Hebevorrichtung. Hier sitzt auf jedem Ende des Gehauses eine an den zwei Säulen gefuhrte Traverse, die mit dem Flaschenzug zu ihrer Seite durch Gallsche Kette verbunden ist. Beide Flaschenzuge sind durch Kette miteinander gekuppelt. Die Traversen fassen unter die am Gehausedeckel befestigten Gleithulsen und nehmen beim Anheben durch die Flaschenzuge den Deckel mit.

Ist der Deckel weit genug geluftet und soll auch der Rotor angehoben werden (um z. B. Dummydichtung und Leitschaufelung der unteren Gehäusehälfte zu untersuchen), dann wird das Oberteil gegen die untere Gehäusehälfte durch Balken und Keile abgestützt und die Traversen wieder weggefiert. Nun legt man um die Welle kräftige, mit Leder oder Kupferblech gefütterte Stahlbänder, die in kräftige Schraubenbolzen auslaufen. Diese werden in entsprechende Bohrungen der Traversen geschoben, Muttern vorgesetzt und das Heben des Rotors kann beginnen.

Bei sehr großen Schiffsturbinen sind die Führungssäulen mit Flachgewinde versehen. Es wird von Muttern umfaßt, die in den Gleitbohrungen der Traversen drehbare aber nicht verschiebbare Lagerung erhalten. Außen sind die Muttern zu Schneckenrädern ausgebildet, in welche die Schneckengewinde einer an der Traverse drehbar gelagerten Welle greifen. Diese beiden Traversenwellen sind miteinander durch eine seitlich der Turbine angeordnete Welle mit Kegelrädern gekuppelt. Die gewöhnlich durch einen Elektromotor angetriebene Seitenwelle gewährleistet ein ganz gleichmäßiges Drehen der Hebemuttern in den Traversen.

Beim Zusammensetzen der Turbine ist auf die Dichtung der Teilfuge große Sorgfalt zu verwenden, da hier eine Leckage eventuell nochmaliges Auseinandernehmen nach sich ziehen kann. Die Dichtung erfolgt entweder metallisch mit dünner Kittlage und Asbestfaden oder durch dünne, dampfbeständige Packung. Die Stärke derselben ist genau wiederherzustellen, da mit ihr radiales Dummy- und Schaufelspiel zusammenhängen.

VII. Abschnitt.

Die stationäre Parsonsturbine.

§ 33.

Allgemeines.

Stationäre Dampfturbinen dienen vorwiegend der Herstellung elektrischer Energie. Auf diesem Felde hat sich die Turbine fast zur Alleinherrschaft durchgerungen, weil sie hier in ihrer wirtschaftlichsten Gestalt auftritt. Hohe Oekonomie, einfache Wartung, geringe Ueberholungs- und Unterhaltungskosten (Schmiermittel) und stete Betriebsbereitschaft, d. h. Befähigung zu langem Dauerbetriebe sind die sie auszeichnenden Eigenschaften.

Ihre Wirtschaftlichkeit gründet sich vornehmlich auf zwei Punkten:

1. auf hoher Umgangszahl,
2. auf der Verwendung *hoch überhitzten* Dampfes.

Infolge der hohen Umdrehungen, welche die Elektrizitätserzeugung zuläßt, kann die Stufenzahl stark eingeschränkt werden. Die erheblichen, in der vielstufigen Schiffsturbine auftretenden Verluste, wie Reibungs-, Wirbel-, Spalt-, Abkühlungsverluste usw., werden auf ein geringes Maß vermindert und die Turbine so kurz, daß sie durchweg in *einem* Gehäuse unterzubringen ist.

Da die stationäre Turbine nur in einer Drehrichtung läuft und mit Leistungen arbeitet, welche durchweg nur selten und verhältnismäßig wenig geändert werden, eignet sie sich zum Betriebe mit Heißdampf. Die Wirtschaftlichkeit läßt sich dadurch gegenüber dem Sattdampf um rund 25% steigern. Wie bei der Schiffsturbine fällt der Dampfverbrauch um so günstiger aus, je höher die Leistung geht, weil in großen Maschinen die einzelnen Verluste sich verringern.

Ueber die Dampfverbräuche schnellaufender Parsonsturbinen gibt folgende Tabelle Auskunft:

Leistung in PS	Dampfspannung kg pro qcm Ueberdruck	Dampftemperatur im Eintritt ° Celsius	Vakuum Prozent	Dampfverbrauch pro Std. u. PS, Turbine allein kg
150	8,7	280	88	8,3
300	12,5	280	92	6,1
660	10,0	Sattdampf	96	6,7
660	10,0	320	96	5,5
1 300	10,0	Sattdampf	96	6,0
1 300	10,0	320	96	4,7
3 000	11,5	320	95	4,4
5 000	11,0	320	95	4,2
10 000	12,0	330	96	3,8

§ 34.

Aufbau der schnellaufenden Parsonsturbine.

Hier seien nur die Unterschiede von der Schiffsturbine aufgeführt, im übrigen auf deren Detailbeschreibung verwiesen.

Die schnellaufende Turbine unterscheidet sich von der Schiffsturbine grundsätzlich dadurch, daß sie, von sehr großen Ausführungen abgesehen, meistens in einem Gehäuse untergebracht wird. Da sich in diesem die ganze Expansion des Dampfes vollzieht, erhält die Trommel stufenweise wachsenden Durchmesser, um zu stark wachsende Schaufellänge zu umgehen. Gewöhnlich werden drei Trommelabstufungen, Hochdruck, Mitteldruck und Niederdruck, vorgesehen. Abb. 25 gibt eine schnellaufende Parsonsturbine im Prinzip wieder. In Wirklichkeit sind erheblich mehr Schaufelkränze vorhanden und in jeder Trommelstufe wieder mehrere „Expansionsstufen" geschaffen (vgl. § 25).

Die Turbine ist einem Achsialschub, dem Dampfschub auf die Schaufeln ausgesetzt, welcher durch Dummykolben, und zwar durch mehrere, aufgehoben wird. Die Kolben erhalten hier die Bezeichnung Druckausgleich- oder Entlastungskolben und sind wie bei Schiffsturbinen durch Labyrinthdichtung gedichtet. Bei drei Trommelstufen werden durchweg ebensoviele Entlastungskolben von entsprechend wachsender Größe entgegengesetzt zum Dampfdurchgang angeordnet. Der Dampf tritt in einen Ringraum zwischen erstem Leitkranz und Hochdruckausgleichkolben ein. Der durch den letzteren tretende Leckdampf gelangt vor den Mitteldruckkolben. Hier auftretender überschüssiger Druck gleicht sich durch eine Verbindungsleitung mit dem Ringraum vor der zweiten Trommelstufe aus, leistet also noch weiter Arbeit. Umgekehrt wird bei ganz dichtem Hochdruckkolben durch die Leitung von der Mitteldruckstufe Dampf gegen den zugehörigen Entlastungskolben geschickt, der Schaufel- und Ringquerschnittsschub aufhebt.

Auf den mit der Vorderseite der Niederdruckstufe verbundenen größten Entlastungskolben trifft dasselbe zu. Auf diese Weise wird, ob die Labyrinthe nun gut oder schlecht dichten, ein möglichst gleichmäßiger Schubausgleich herbeigeführt. Den Raum hinter dem Niederdruckkolben, also zwischen diesem und der Stopfbüchse,

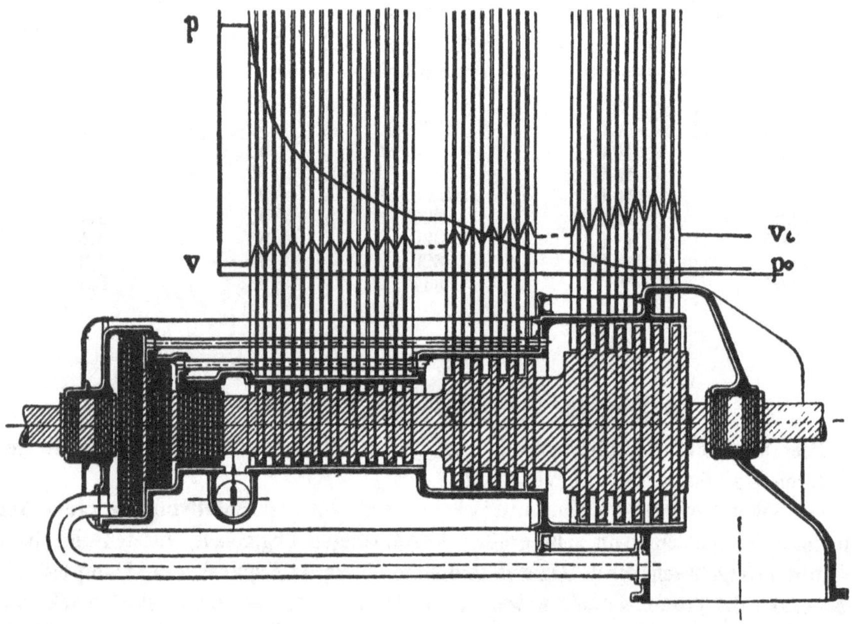

Abb. 25. Stationäre Parsonsturbine. Druck- und Geschwindigkeitsdiagramm.
p = Druck-, v = Geschwindigkeitsverlauf.

verbindet ein Rohr mit dem unter Vakuum stehenden Abdampfstutzen, da auch das hintere Ende der Trommel Kondensatorspannung führt. In diesem Falle muß ziemlich viel Sperrdampf in die Stopfbüchsen geschickt werden. Durch eine andre Bauart wird das umgangen, indem der Niederdruck- nicht an den Mitteldruckschubkolben, sondern hinter die Trommel gesetzt wird und von hinten, also auch entgegengesetzt zum Schaufel- und Trommelschub, Dampf von der Vorderseite der Niederdrucktrommel empfängt. Da diese nur noch annähernd mit atmosphärischer Spannung arbeitet und die Hinterseite des Mitteldruck- wie die Stirnseite des Niederdruckkolbens durch eine Rohrleitung verbunden sind, dichtet der Dampf gleichzeitig die Stopfbüchsen mit und erspart Sperrdampf.

Zur Aufnahme von Schubdifferenzen und genauer Einstellung von Labyrinth- und Schaufelspiel sitzt auf dem vorderen Ende der Turbine im Lagerstuhl ein kleines Kammlager.

Die Stopfbüchsen besitzen Labyrinthdichtung mit je einem Ringkanal, die wieder miteinander und mit einer Sperrdampfleitung verbunden sind. Eine Absaugeleitung erübrigt sich hier, da die Stopfbüchsen nie unter Ueberdruck stehen. Trag- und Kammlager werden mit Drucköl geschmiert, gewöhnlich durch eine von der Turbine selbst angetriebene Zahnradpumpe. Die Beschreibung einer solchen folgt in § 39. Sammeltank, Kühler usw. werden in unmittelbarer Nähe der Turbine oder unter ihrem Gehäuse angeordnet.

Die Regelung der Umdrehungen, welche bei Dynamoantrieb unbedingt erforderlich ist, erfolgt durch einen besonderen R e g l e r. Ein solcher Parsonsscher Bauart

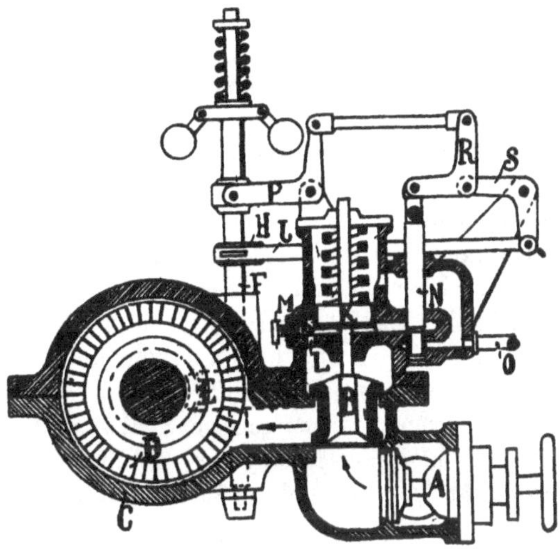

Abb. 26. Druckregler.
A Absperrungsventil, B Regulier- oder Drosselventil, C Turbinengehäuse, D erster Leitkranz, E Schneckenrad, F Reglerwelle, H Exzenter, J Exzenterstange, K Regulierkolben, L Regelbohrung, M Regulierschraube, N Schieberstange und Schieber, O Verbindungsrohr des Kondensators, P erster, R zweiter, S dritter Winkelhebel.

ist in Abb. 26 dargestellt. Der Dampf wird durch ein von Hand bedientes Absperrventil in das Gehäuse eines doppelsitzigen Regulierventiles gelassen, welches den Dampfeintritt in die Turbine regelt. Die Oeffnung des Ventiles wird durch einen Fliehkraftregler beeinflußt. Den Antrieb desselben besorgt die Turbinenwelle mit Schnecke und Schneckenrad. Die Arme der Reglergewichte betätigen eine Muffe, deren Bewegung auf einen Winkelhebel und von diesem durch Zugstange weiter auf einen zweiten Winkelhebel übertragen wird. Der wagerechte Arm des letzteren wirkt mit Stange auf einen kleinen Kolbenschieber. Derselbe wird in seiner Stellung aber nicht allein von dem zweiten Winkelhebel, sondern noch von einem dritten beeinflußt. Dieser dritte ist im Knie an einem festen Arm des Ventilgehäuses drehbar gelagert. Der eine Arm erlangt durch eine Exzenterstange Verbindung mit einem auf der Reglerwelle sitzenden Exzenter, so daß mit ihm auch der andre Arm, in dem der zweite Winkelhebel seine drehbare Lagerung gefunden hat, in vibrierende Bewegung versetzt wird. Diese Vibration überträgt sich infolgedessen auch auf den kleinen Kolbenschieber, ganz unabhängig von der Verschiebung durch die Muffe des Reglers.

Ueber dem Gehäuse des Regulierventils ist nun ein Zylinder angebracht, in dem sich ein auf der Ventilspindel befestigter Kolben bewegt. Eine kräftige auf ihm lastende Feder versucht das Ventil stets zu schließen. Die Zylinderseite unter dem Kolben ist einmal durch Bohrung, deren Oeffnung durch eine Regulierschraube eingestellt werden kann, mit dem Ventilgehäuse verbunden, andererseits mit dem Gehäuse des kleinen Kolbenschiebers. Ein Mittelkanal desselben hat sowohl an den Kondensator wie an den Raum oberhalb des Regulierkolbens Anschluß.

Solange das Handventil geschlossen ist, hält die Kolbenfeder das Regulierventil auf seinem Sitz. Wird aber Dampf eingelassen, so strömt er unter den Kolben, die Feder wird durch Anheben desselben zusammengedrückt, das Regulierventil geöffnet und die Turbine geht an. Sobald die normale Umgangszahl erreicht wird, gibt der Regler einen solchen Ausschlag, daß sich der Kolbenschieber hebt, die untere Kolbenseite mit dem Kondensator verbindet und die Feder das Regulierventil drosselt. Durch die folgende Verminderung der Umdrehungszahl schließt der Kolbenschieber wieder mehr, der Dampfdruck unter dem Kolben steigt und das Ventil wird mehr geöffnet. So spielt sich der Kolbenschieber allmählich auf eine bestimmte Oeffnung, die Turbine auf die normale Drehzahl ein. Das ist der Hauptvorgang, der die Regelung der Umgangszahl bewirkt. Der Nebenvorgang wird durch die vibrierende Bewegung des Kolbenschiebers eingeleitet, indem dadurch der Druck unter dem Kolben schnell aufeinanderfolgend eine geringe Steigerung und Schwächung erfährt. Der Kolben gerät infolgedessen ebenfalls in Vibration, mit ihm das Regulierventil und verursacht vibrationsartiges Schwanken des Eintrittsdruckes, also leichte Dampfstöße.

Man vertrat vielfach die Ansicht, auf diese Weise die Wirtschaftlichkeit der Turbine zu erhöhen, was aber nicht der Fall ist. Vielmehr läßt die Schwingungsbewegung keine Schwergängigkeit in den Reglerteilen (Bolzen, Gelenken, Stangendurchführungen usw.) aufkommen, erhält den Regler also sehr empfindlich.

Das oberhalb des Turbinenschemas Abb. 25 wiedergegebene Diagramm zeigt von p bis p_0 den Druckverlauf während der Expansion, von v bis v_0 den Geschwindigkeitsverlauf. Die in den Leitschaufeln durch Expansion erzeugte Geschwindigkeit (die ansteigenden Teile der Linie) wird in den Laufstufen aufgezehrt (abfallende Teile der Linie). Die im laufenden Teil erzeugte Geschwindigkeit ist nicht dargestellt, da sie während ihrer Entstehung unmittelbar an die Laufschaufeln abgegeben wird. Aus dem Geschwindigkeitsverlauf ist ersichtlich, daß derselbe in den letzten Stufen mehr ansteigt als in den ersten, weil die Schaufeln infolge größeren Trommeldurchmessers mit höherer Umfangsgeschwindigkeit arbeiten.

Das Abstellen der stationären Turbine erfolgt zweckmäßig durch Handauslösung mit dem Schnellschluß, damit man stets die Gewähr hat, daß er in Ordnung ist.

VIII. Abschnitt.

Die Ljungström- oder Stalturbine.

§ 35.

Das Wesen der Stalturbine.

Ueber das Wesen der Stalturbine ist schon einiges im § 16 b gesagt. Abb. 27 läßt links bei getrennten Laufscheiben die Schaufelkranze der linken, in der Mitte die der rechten Scheibe erkennen, während das Bild rechts die mit der Schaufelung ineinandergeschobenen Scheiben zeigt, wie sie bei zusammengebauter Turbine zueinander stehen. Abb. 28 zeigt Schaufeldiagramme, a) z. B. das einer 1500 PS-Maschine. Der Abstand

Abb. 27. Laufscheiben der Stalturbine.

der Kurven stellt die Schaufellänge, der Abstand zwischen zwei Geraden die Breite der Schaufeln dar. Abwechselnd sitzen die Schaufeln an der einen Scheibe, die dazwischenliegenden an der anderen. Unten hat man sich die Welle zu denken, von der der Dampf eintritt. Wie das Diagramm zeigt, nimmt die Schaufellänge vom Dampfeintritt ab erst ab, um auf etwa ⅓ seines Weges ihr Minimum zu erreichen. Mit dem von Schaufelkranz zu Schaufelkranz großer werdenden Durchmesser wächst entsprechend der Dampfdurchlaß und ebenfalls der Expansionssprung von Stufe zu Stufe. Da der eine Schaufelkranz in dieser Turbine immer größere Umfangsgeschwindigkeit besitzt als der vorhergehende, müssen die Expansionssprünge (also auch die Dampfdurchgänge) so berechnet werden, daß die ihnen entsprechende Dampfgeschwindigkeit möglichst der Schaufelschnelligkeit angepaßt wird. Daraus ergibt sich aber, daß bis zum ersten Drittel die Schaufellänge etwas abnehmen muß, um von hier bis zum Dampfaustritt allmählich wieder anzuwachsen. Sowohl Schaufelbreite wie Länge steigen zuletzt stark an. Besonders in Stalturbinen für hohe Leistungen (Diagramm b für eine 6000 PS-Maschine) würde die Schaufellänge so stark wachsen, daß durch die spitzen Abschrägungswinkel an Fuß- und Kopfende Störungen in der Dampfströmung auftreten und der Effekt sinken würde. Weiter dürfen die Schaufeln in der Länge einen gewissen Wert nicht überschreiten, der durch die Biegungsbeanspruchung bestimmt ist, welche die Zentrifugalkraft auf die schnell rotierenden Schaufeln ausübt. Zur Vermeidung dieser Schwierigkeiten werden die Schaufeln der äußeren Reihen in Stücke zerschnitten und in die Schnittstellen Verstärkungsringe eingefügt (in Abb. 28 c schraf-

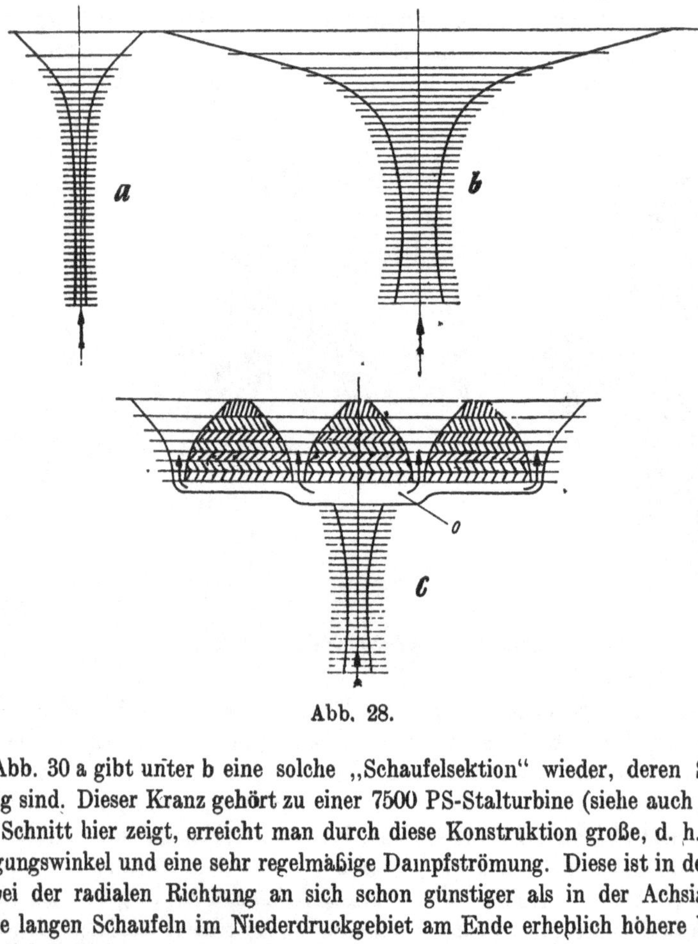

Abb. 28.

fiert). Abb. 30 a gibt unter b eine solche „Schaufelsektion" wieder, deren Schaufeln sechsteilig sind. Dieser Kranz gehört zu einer 7500 PS-Stalturbine (siehe auch Abb. 33). Wie der Schnitt hier zeigt, erreicht man durch diese Konstruktion große, d. h. günstige Abschrägungswinkel und eine sehr regelmäßige Dampfströmung. Diese ist in den letzten Stufen bei der radialen Richtung an sich schon günstiger als in der Achsialturbine, in der die langen Schaufeln im Niederdruckgebiet am Ende erheblich höhere Umfangsgeschwindigkeit besitzen als am Fuße. Besonderer Erwähnung bedarf noch der äußerste Schaufelkranz, der nach dem Aktionsprinzip ausgeführt ist. Die Expansion des Dampfes hat schon im vorletzten Kranz ihr Ende erreicht. Um die von einem Schaufelkranz zum andern sich steigernde Austrittsgeschwindigkeit (die durch die Expansion erzeugte

Schnelligkeit wird nicht restlos in jedem Kranz aufgezehrt) zum Schlusse noch möglichst auszunutzen, passiert der Dampf noch diesen Kranz von Aktionsschaufeln. Er entzieht dem Dampf eine Geschwindigkeit, die der doppelten seiner Schaufeln entspricht.

§ 36.

Der Aufbau der Stalturbine.

Die Stalturbine ist eine Originalkonstruktion in des Wortes bester Bedeutung, welche in fast allen Teilen den genialen Erfinder und Ingenieur verrät.

Das gußeiserne Turbinengehäuse (Abb. 29) ist aus verhältnismäßig schwachem Gußeisen gefertigt, weil es nur Dampf von Kondensatordruck führt, daher unter äußerem Ueberdruck steht. Es ist in der Horizontalen geteilt. Oben und unten befinden sich große Oeffnungen A, durch welche Kuhlluft abstreicht; auf den äußeren Enden der Dynamos sitzende Ventilationsräder pressen sie zwischen Stator und Rotor hindurch. Ferner sind Handlöcher A_1 sichtbar, welche Zugang zu den Lagerteilen gestatten. Unten läuft das Gehäuse in einen großen Abdampfstutzen aus, der direkt an den Kondensator angeschlossen wird. Abb. 29—31 geben eine 1500 PS-Stalturbine wieder. In das Gehäuse sind die hohlen Ringscheiben P eingebaut. An der einen Seite des Dampfaustrittsstutzens ist außen das Dampfeinlaßmit vom Regulator gesteuerten Drosselventil angebracht. Von ihm führt nach innen das Rohr B, das sich in die Arme B_1 und B_2 teilt. Mit den Enden b_1 und b_2 (Abb. 29 und 31) sind die Arme in Bohrungen der Hohlringe P gesteckt. In die Bohrungen sind dünne Stahlbüchsen C eingedrillt und in der Mitte etwas eingezogen. Gegen diesen eingezogenen Teil pressen sich die eingesteckten Arme mit einem Ringansatz. Dieser einfache Abschluß, welcher unter dem Einfluß der absoluten Spannungshöhe steht, hat sich sehr gut bewährt. Werden Scheiben P mit den rotierenden Scheiben nach oben ausgehoben (Abb. 30), so zieht man sie ohne Schwierigkeit von den Rohrenden ab. Sowohl das Dampfzugangsrohr wie die Hohlringe P, welche vollen Dampfdruck führen und noch dazu unter dem Einfluß hoch überhitzten Dampfes stehen, während sie außen vom vollen Vakuum bzw. atmosphärischer Luft umgeben sind, tragen auf geringem Abstand dünne Stahlblechmäntel M, um Wärmeausstrahlung zu verhüten. Die Verbindung der Heißdampf führenden Hohlringe P mit dem kühlen Gehäuse ist folgendermaßen hergestellt: Im Gehäuse sind die vollen Ringe P_1 mit Kopfschrauben befestigt und diese wiederum durch sogenannte Expansions- oder Dehnungsringe p Abb. 31 mit den Hohlringen verbunden. Solchen Dehnungsringen wird man in der Stalturbine überall begegnen, wo es sich darum handelt, Materialspannungen infolge hoher Temperaturunterschiede und -sprünge auszuschalten. Gerade die Stalturbine mit ihren erstaunlich kleinen Abmessungen, in welcher auf kürzeste Strecken Temperaturstürze von über 300 ° C verteilt sind, bot ganz besondere konstruktive Schwierigkeiten. Sie sind sowohl durch besondere Formgebung der einzelnen Teile wie durch die ausgedehnteste Verwendung der Expansionsringe überwunden und die Maschine dadurch absolut betriebssicher gemacht. Die Expansionsringe sind, wie der Schnitt zeigt, in der Mitte gleichmäßig stark, die Ränder ringförmig abgerundet. Mit diesen werden sie in Nuten der Teile gesteckt, welche sie verbinden sollen. Nach dem Zusammenstecken werden die Ränder der Nuten um die Wülste der Dehnungsringe gewalzt und dadurch die feste Verbindung hergestellt. Zur leichteren Vereinigung mit Ringen P ist der Dehnungsring in einen anderen dünnen Ring eingewalzt und dieser wieder mit

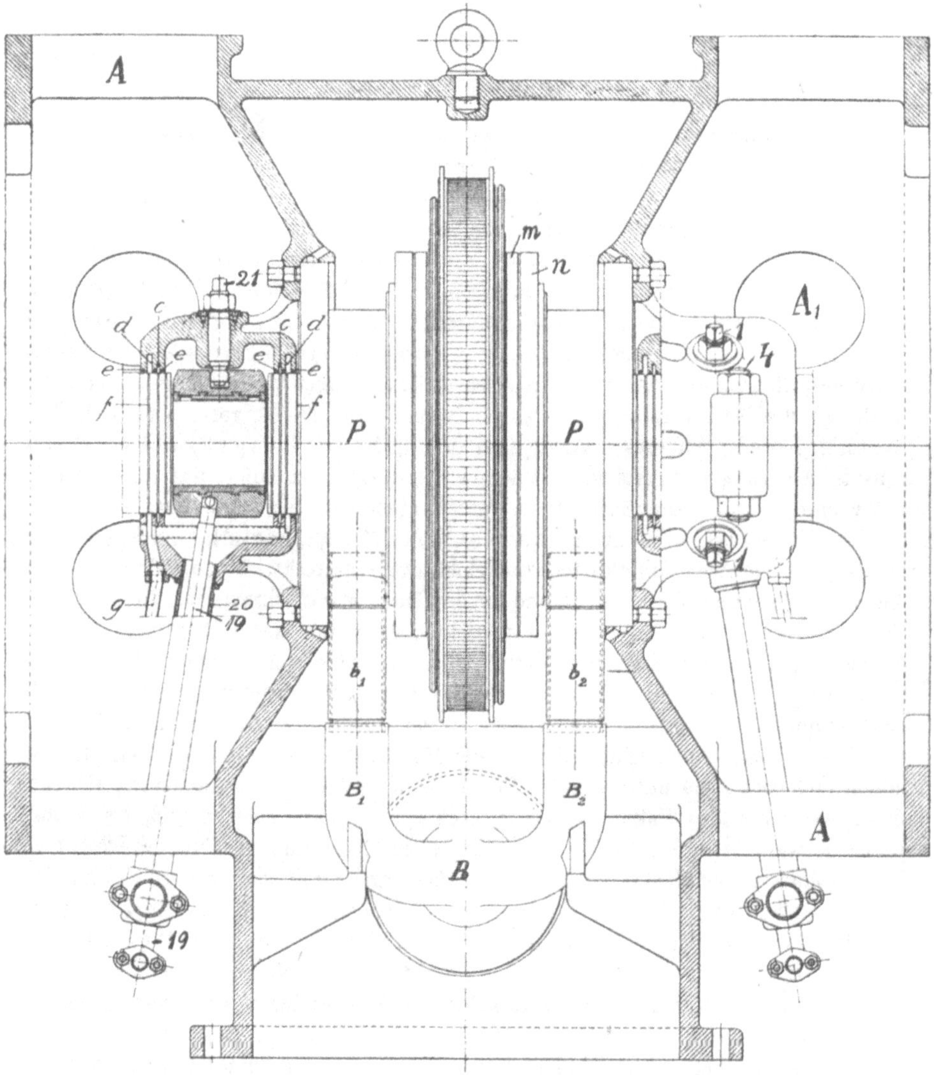

Abb. 29. 1500 PS-Stalturbine.

einem Stemmdraht in einer Nute des Ringes P gehalten. Bei Versuchen mit plötzlichen Temperatursprüngen bis zu 300 ° C wurde festgestellt, daß die Dehnungsringe ihre Stellung änderten, demnach den Dehnungen folgten und Spannungen in den verbundenen Teilen nicht aufkommen ließen.

Abb. 30. Stalturbinenrotor mit Seitenkammern P ausgehoben

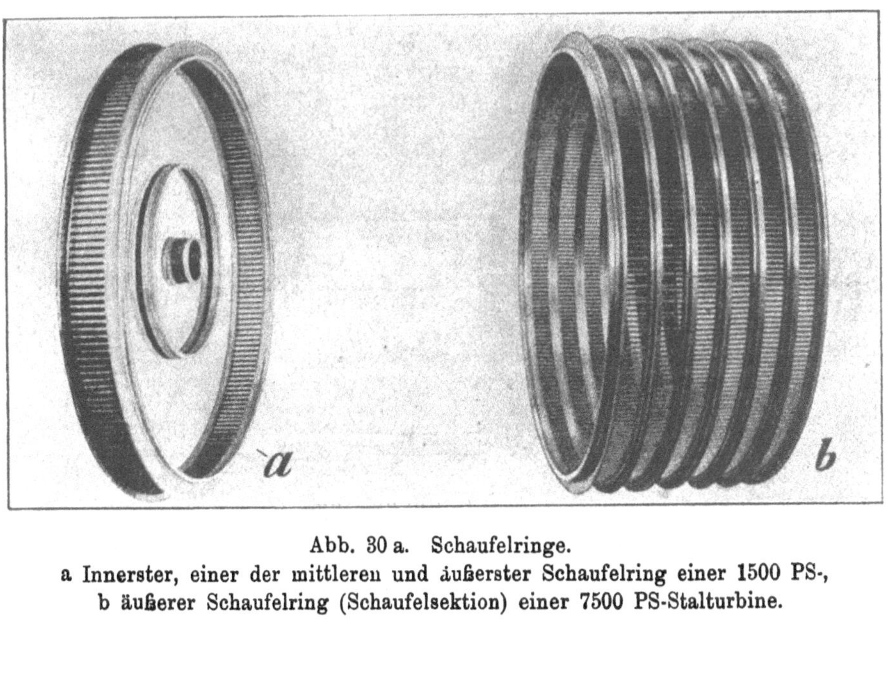

Abb. 30 a. Schaufelringe.
a Innerster, einer der mittleren und äußerster Schaufelring einer 1500 PS-, b äußerer Schaufelring (Schaufelsektion) einer 7500 PS-Stalturbine.

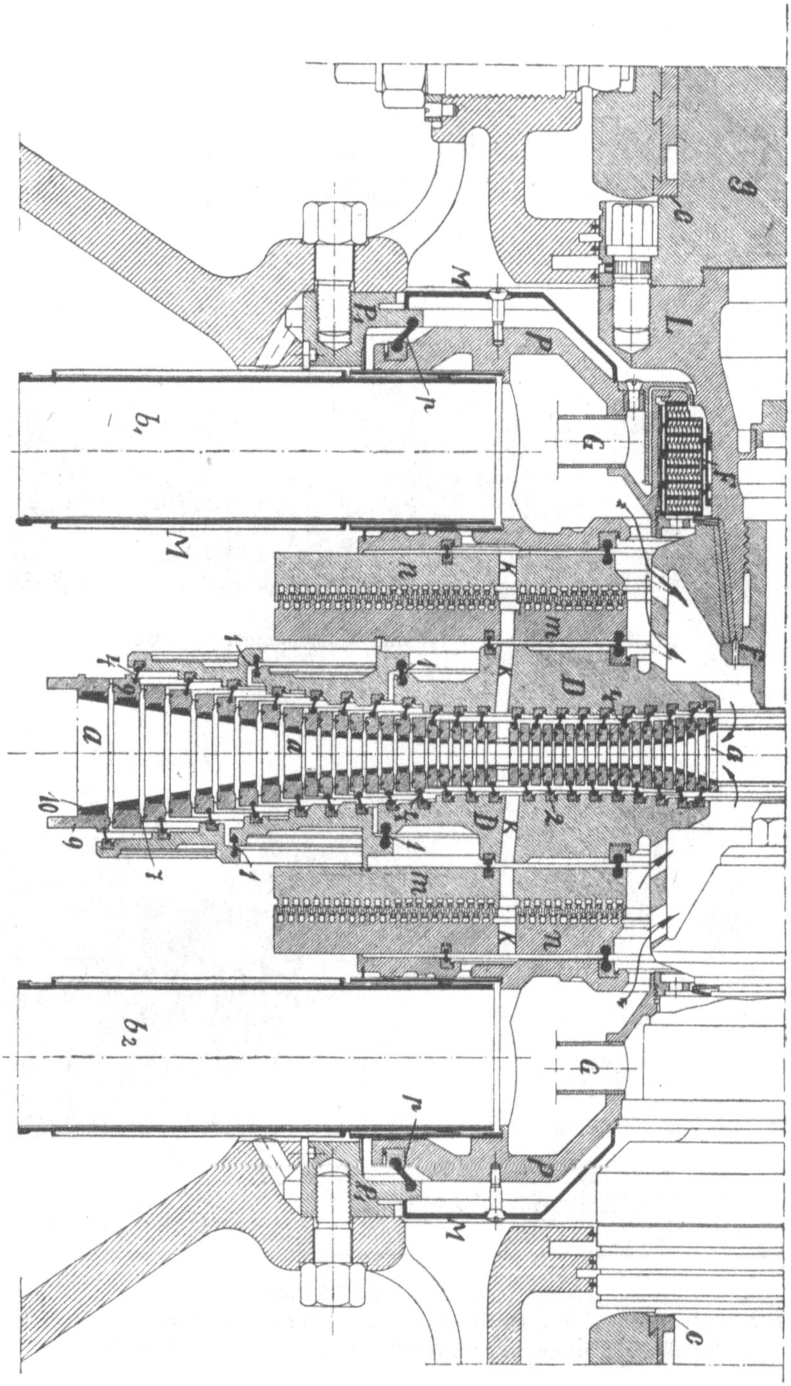

Abb. 31. 1500 PS-Stalturbine. Unterer Teil.

Der aus dem Zweigrohr B in die Hohlräume der Scheiben P tretende Dampf gelangt durch Oeffnungen in die hohlen Naben der Laufscheiben D und vom Zentrum derselben in die Schaufelung (Abb. 31 und 32, 2). Die Abbildungen zeigen, daß jede Laufscheibe aus drei Ringen gebildet ist und diese durch Expansionsringe 1 aneinandergefügt sind. Letztere und die merkwürdigen Querschnittsformen der Ringteile verhüten das Auftreten von Materialspannungen, die angesichts eines Temperaturabfalls von der Mitte bis zur Peripherie von über 300 ° C auf einer Strecke von

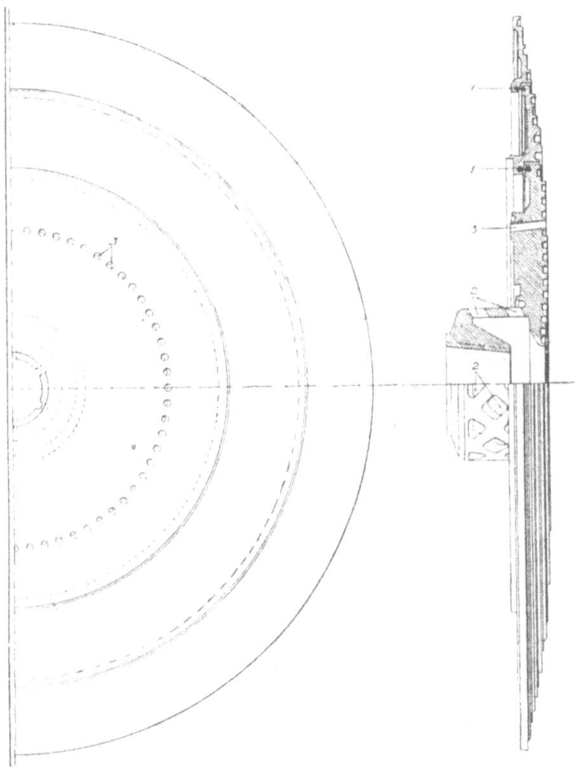

Abb. 32. Laufscheibe.
1 Expansionsringe, 2 Dampfeintrittsöffnungen, 3 Bohrungen für Zusatzdampf.

25—40 cm (siehe auch Abb. 33, eine 7500 PS-Stalturbine, Durchmesser des äußersten Schaufelringes 0,85 m!) bei ungeeigneten Formen ein Werfen des Materials und selbst Reißen der Scheiben zur Folge hätten. In der Stirnseite der in Abb. 32 wiedergegebenen Scheibe sind die Nuten zur Aufnahme der Schaufelringe sichtbar. Die Kanäle 3 (K in Abb. 31 und 33) ermöglichen die Einführung von Zusatzdampf in eine niedere Expansionsstufe zwecks Ueberlastung der Turbine (siehe weiter unten).

Die Herstellung der Schaufelringe (Abb. 30 a und 34) gestaltet sich folgendermaßen: Die aus Profilstangen hergestellten Nickelstahlschaufeln 11 (Abb. 31, a

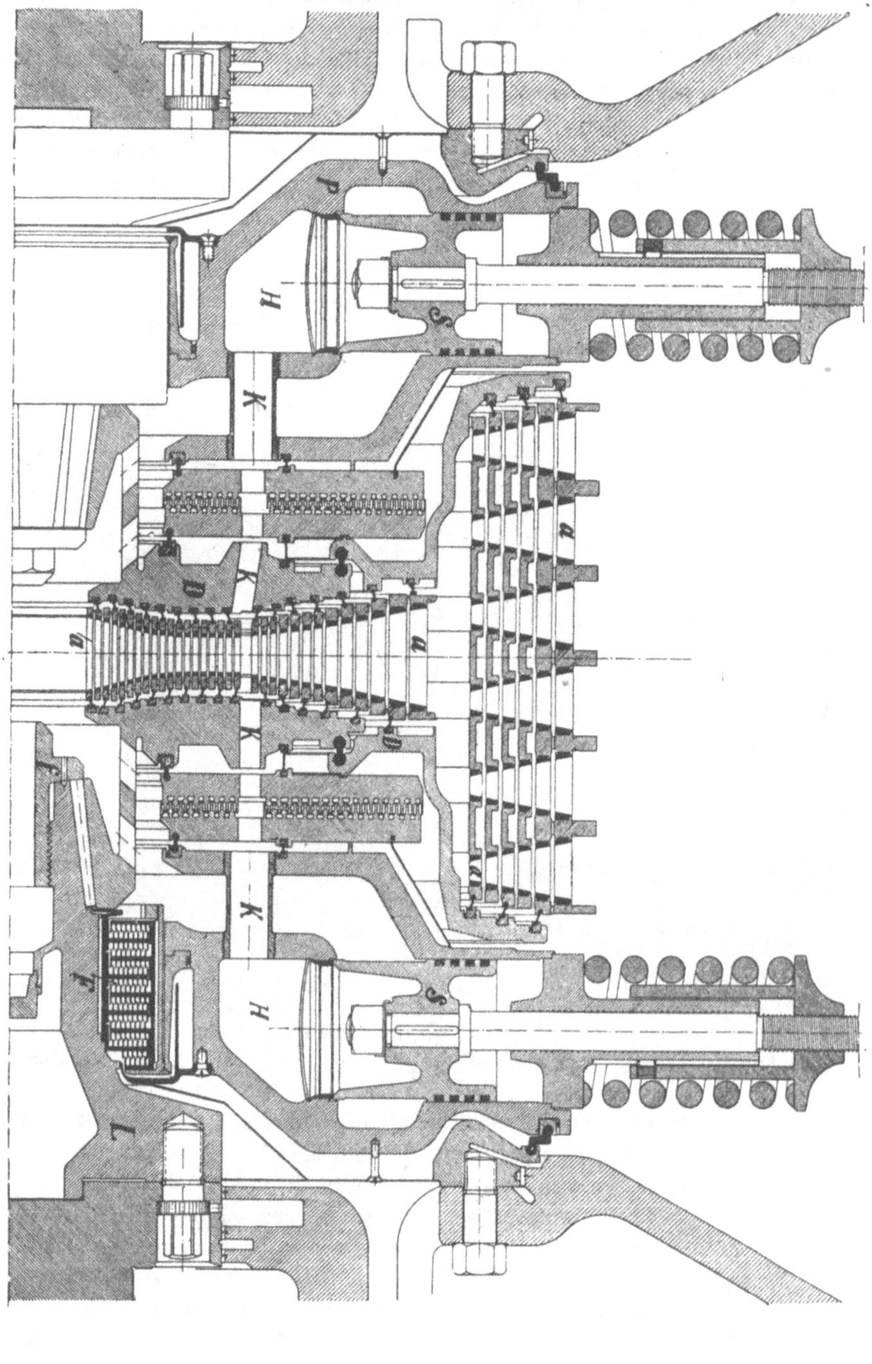

Abb. 33. 7500 PS-Stalturbine. Oberer Teil.

und 33, a) werden von Länge geschnitten, beide Enden etwas abgesetzt, diese in die entsprechend gestanzten Löcher der Schweißringe 10 gesteckt und mit ihnen autogen verschweißt. Durch entsprechende Bearbeitung erhält das Gebilde der beiden Schweißringe mit den dazwischen sitzenden Schaufeln die in Abb. 34 wiedergegebene Form, d. h. mit Schwalbenschwanzansätzen auf den Außenseiten. Mit diesen wird der Ring in die Parallelnuten zweier Verstärkungsringe 9 geschoben und die Nutenränder gewalzt, bis sie fest hinter die schwalbenschwanzartigen Ringansätze fassen und damit ein steifer Ring hergestellt ist. Derjenige Verstärkungsring 9, welcher der Laufscheibe 1 am nächsten liegt, erhält eine Ringnute 5 zur Aufnahme des Dehnungsringes 4, der andererseits in den Einsatzring 2 gewalzt ist. Letzterer wird mit dem an ihm sitzenden Schaufelringgebilde in eine Nute der Laufscheibe gesetzt und durch den weichen Stemmdraht 3 befestigt. Also auch hier wieder die charakteristischen Dehnungsringe (Abb. 31 und 33 mit allen Schaufelringen im Schnitt), um Materialspannungen zu beseitigen. In Abb. 33 sind die langen „Schaufelsektionen", die letzten sechs Kränze in ihrem Zusammenbau erkennbar, sechs Schaufelstücke in jedem Ring, verbunden durch zwölf Schweiß- und sieben Verstärkungsringe (siehe auch Abb. 30 a). Betrachtet man be-

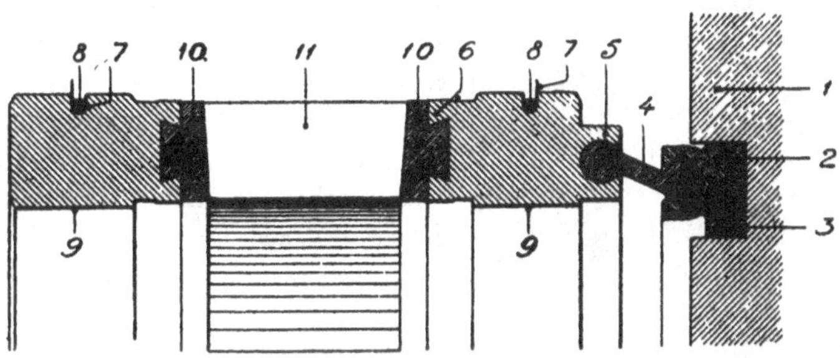

Abb. 34. Schnitt durch einen Schaufelring.

sonders diese langen Gebilde, die nur durch einen dünnen Expansionsring mit ihrer Laufscheibe verbunden sind, so fällt die scheinbar unzulängliche, schwache Halterung der Schaufelringe in die Augen. Und doch ist die Konstruktion kräftig und absolut betriebssicher, trotzdem z. B. die Schaufeln des äußersten Ringes bei 50 Umläufen pro Sekunde und 0,85 m Durchmesser 133,5 m Sekundengeschwindigkeit besitzen! Wie der Schnitt der Expansionsringe zeigt, sind dieselben konisch und daher trotz recht schwachen Materials (um Dehnungen und Erwärmungen schnell zu folgen) sehr steif. Ihre Beanspruchung ist nicht sehr hoch, da die Zentrifugalkraft auf den frei fliegenden Ring nach den Seiten wirkt, diese Schleuderbelastung in erster Linie auf die kräftigen Verstärkungsringe entfällt und eine sorgfältige Ausbalancierung aller Teile die notwendige ganz gleichmäßige Belastung herbeiführt. Auf der Außenseite trägt jeder Verstärkungsring eine Nute, in welcher ein Winkelring 7 mit Stemmdraht 8 befestigt ist. Der Winkelring besteht aus einzelnen Stücken, damit er bei der Dehnung nicht gesprengt wird (wie die Bandagen der Schaufeln in Achsialturbinen). Das Material ist Nickelblech von $^1/_{10}$ mm Stärke. Der herausragende Teil des Blechringes soll den

Zwischenraum bis zum nächst äußeren Verstärkungsring ausfullen, um den aus dem Schaufelring tretenden Dampf daran zu hindern, zum Teil um das freie Ende des nächstfolgenden Schaufelringes herumzuströmen, d. h. um Spaltverlust zu verhüten. Die ganz dünnen Spaltbleche konnen bei Beruhrung die Schaufelung nie gefährden, da sie sich leicht abschleifen oder beiseite gebogen werden. Wie Abb. 33 zeigt, erhalten die Schaufelsektionen keine Spaltbleche, da die Druckunterschiede in diesen Stufen äußerst gering und bei dem dünnen Dampf und dem im Verhältnis zur Lange der Schaufel ganz geringen Umlaufspalt die Verluste ganz unbedeutend sind.

Abb. 31 und 33 zeigen, daß mit den Laufscheiben D die Ringscheiben m und mit den Hohlringen P die Ringscheiben n durch Dehnungsringe verbunden sind (Scheiben m auch in Abb. 27 auf den Außenseiten erkennbar). Auf den einander zugekehrten Flächen der Scheiben m und n sind dadurch L a b y r i n t h e gebildet, daß in die Flächen Nuten eingedreht und die Scheiben zusammengeschoben sind. Die stehengebliebenen Ringstege haben besondere Gestaltung erhalten und tragen in Nuten an ihren Enden dunne Nickelspaltbleche, die wieder durch Stemmdraht gehalten werden. Die Zeichnungen lassen erkennen, daß die Labyrinthe gegen die volle absolute Spannungshohe dichten mussen, da sie innen mit Dampf von Eintrittsdruck und außen mit der Luftleere des Kondensators in Verbindung stehen. Der zwischen die Laufscheiben in die Schaufelung tretende Dampf sucht die Scheiben auseinanderzudrücken. Dem wirkt der Labyrinthdruck auf die Scheiben m entgegen; denn im Labyrinth gestaltet sich die Spannungsabnahme ahnlich der in der Schaufelung, weil der die kleinen Lücken passierende Dampf, welche die Spaltbleche lassen, durch das Rotieren der Scheiben m von Spalt zu Spalt derartig an Spannung verliert, daß nur noch ganz geringe Mengen in den Kondensationsraum gelangen. Die Labyrinthe sind nun derartig ausgestaltet, daß sie bei Druckdifferenzen automatisch das Gleichgewicht von Schub und Gegenschub wiederherstellen. In Abb. 35 ist B die laufende Labyrinthscheibe, A die feste, mit P verbundene. Die nach dem Frischdampfraum zu liegenden Ringstege haben die Querschnittsform a, die nach der Abdampfseite zu liegenden die Form b erhalten. Man beachte nun die Stellung der Spaltbleche in beiden Gruppen. Angenommen, der Druck zwischen den Laufscheiben überwiege den Labyrinthschub, dann werden in Gruppe a die Spaltbleche von den Stegdichtungskanten mehr in den erweiterten Raum treten, d. h. das Labyrinth wird undichter. Die Folge ist erhöhter Druck in dieser Gruppe, während aus Gruppe b hervorgeht, daß durch weiteres Hineintreten in die Nutenverengung die Undichtigkeit sich nicht ändert. Der jetzt erhöhte Labyrinthdruck hebt den überwiegenden Scheibenschub auf. Der entgegengesetzte Fall: Der

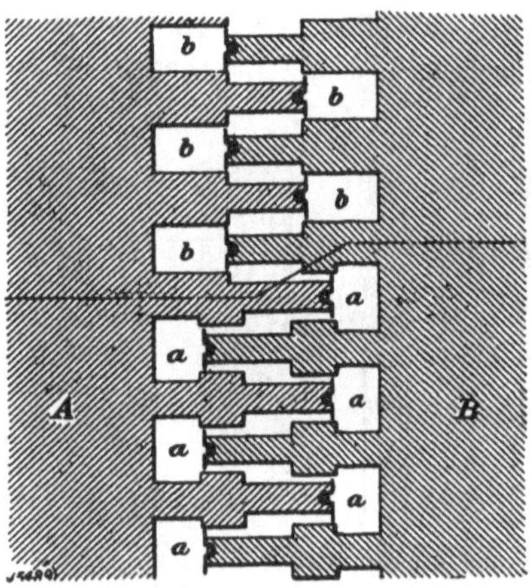

Abb. 35. Scheibenlabyrinth.

Labyrinthschub überwiegt; die Folge: ein Zusammenschieben der Laufscheiben. Dabe treten in Gruppe a die Spaltbleche weiter in die Verengung, d. h. die Undichtigkeit bleibt unverandert. Dagegen treten die Bleche in Gruppe b in die Erweiterung, es erfolgt kräftigere Absaugung und der Labyrinthdruck wird geringer. So spielen sich Laufscheiben- und Labyrinthdruck automatisch ein, die Laufscheiben auf eine ganz bestimmte Stellung zueinander, und Kammlager zur genauen Fixierung der Scheibenstellung werden überflüssig. Lediglich die Traglager besitzen auf den Außenseiten Anlaufflächen (Abb. 29 und 31 bei c) für die außerhalb der Lager verstärkten Wellen. Das Schubspiel ist hier gering, um bei auftretenden Schubdifferenzen die justierte Lage der Schaufelkränze einzuhalten.

In die konisch ausgedrehte Nabe jeder Laufscheibe (Abb. 31, 32 und 33) ist ein kurzes Wellenende L gesetzt, gegen Verdrehen durch einige Keile gesichert und durch eine Mutter f gehalten. Letztere und die Wellen L selbst sind hohl, damit Dampf hineindringt, um die Temperatur am Konus von innen und außen gleich hoch zu halten und dadurch ein Lösen der Welle zu verhuten. Jede Welle endet in einem Flansch und dieser wird durch Kopfschrauben mit der Dynamowelle (Abb. 30 und 31 g) verbunden.

Die an den Wellenaustritten eingebauten Stopfbuchsen F sind mit vollem Ueberdruck belastet. Ihre Zusammensetzung geht aus Abb. 36 hervor. Sowohl auf den Turbinenwellen 5 wie in der Bohrung der Hohlringe 4 (L bzw. P in Abb. 31) sind hintereinander mehrere Kammringe mit den Federn 6 und 7 festgekeilt. Die Kammringe auf der Welle haben die Schnittform 1, 8, 9, die in der Bohrung der Hohlringe die Form 2, 8, 9. Die äußersten Enden 9 der Kämme 8 sind im Winkel von 45° umgewalzt und auf den äußersten Enden ausgeschärft. Diese Dichtungskanten laufen mit geringem Spiel um die Kämme des benachbarten Ringes. Im Falle der Berührung ist ein Heißlaufen oder Verschweißen wegen der Schwache der Enden ausgeschlossen. Sie schleifen sich einfach ab, bis der Kontakt aufhört. Die bei 3 stark ausgebuchtete Querschnittsform der einzelnen Kammscheiben und ihre gleichmäßige Stärke im Material sollen die gleichförmige Durchwärmung aller Teile bei Temperaturänderungen und -sprüngen unterstützen. Durchdringender Leckdampf wird durch einen Kanal nach den Ableitungsrohren G geführt und von diesen zum Luftpumpenauswurftank, damit die im Dampf noch enthaltene Wärme der Anwärmung des Speisewassers zugute

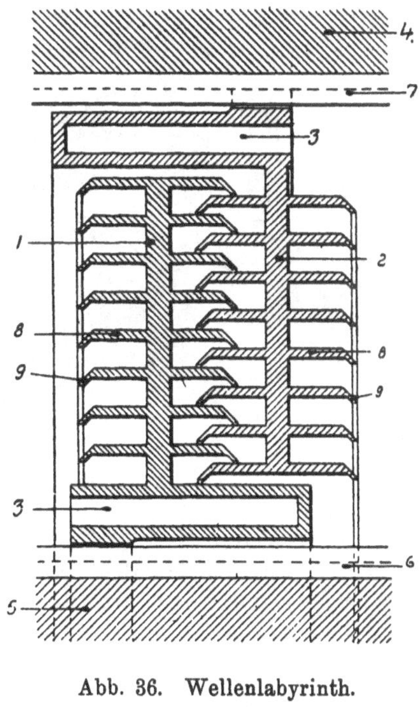

Abb. 36. Wellenlabyrinth.

kommt. Das Labyrinth ist so klein und doch so wirksam, daß es in einer 1500 PS-Turbine (Abb. 31) z. B. bei einer Länge von nur 65 mm 106 Abschneidestellen besitzt und mit verschwindendem Verlust dichtet. Das Labyrinth der 7500 PS-Maschine (Abb. 33) besitzt 122 Abschneidestellen und eine Länge von 130 mm! Der in Abb. 36 dargestellte Schnitt ist etwa $1\frac{1}{2}$ naturlicher Größe (1500 PS-Turbine).

Es ist schon der Bohrungen 3 in Abb. 32 gedacht, die zur Einführung von Zusatzdampf in eine niedere Expansionsstufe zwecks *Ueberlastung* der Turbine dienen. Sie findet natürlich nur in Ausnahmefällen Anwendung, denn die Oekonomie der Maschine sinkt dabei. Die Oeffnungen in den Laufscheiben finden ihre Fortsetzung in solchen der Labyrinthscheiben und der Hohlringe P (K in Abb. 31 und 33). Die letzteren

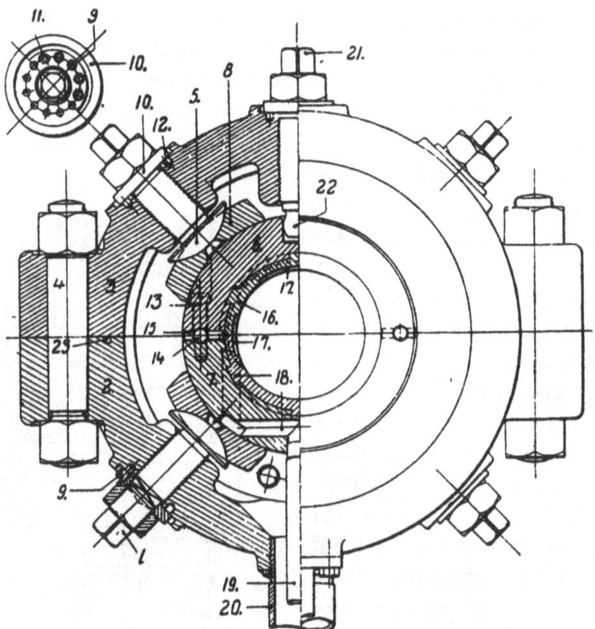

Abb. 37. Traglager.

besitzen außer dem Frischdampf führenden Kanal noch einen anderen (H in Abb. 33), mit dem die vorerwähnten Bohrungen in Verbindung stehen. Diese Ueberlastungskanäle sind von den Frischdampfkanälen durch die Ueberlastungsventile S getrennt. Es sind entlastete Kolbenventile, von der Außenseite des Turbinengehäuses bedienbar und so angeordnet, daß sie automatisch arbeiten, falls die Betriebsverhältnisse es erfordern, d. h. unter dem Einfluß des Achsenregulators stehen.

Da die ganze Dampfmaschine in den Abdampfraum verlegt ist (Abb. 29), stellt sich die Temperatur des Gehäuses so niedrig, daß eine besondere Isolation überflüssig wird. Eine solche ist lediglich für das Einlaßventil mit Rohranschluß B und die Hohlringe P (Blechmäntel für B und P) nötig. Der Uebergang der Wärme von den heißen

Innenteilen nach außen wird durch die kleinen Querschnitte der Dehnungsringe und aller Konstruktionsteile erschwert. Die geringen Wärmemengen, welche von den Hohlteilen der Wellen bis zu den Traglagern gelangen, werden durch das Lagerschmieröl abgeführt.

Den Aufbau der Traglager veranschaulichen Abb. 29 und 37. Die Lagerhülsen 2 und 3 sind mit dem Gehäuseober- und -unterteil zusammengegossen und werden noch besonders durch die Paßbolzen 4 zusammengehalten. Dieselben sind leicht konisch, oben etwas stärker als unten. 45 ° gegen die Horizontale geneigt gehen von oben und unten Stellschrauben 1 durch das verstärkte Fleisch der Hulsen und legen sich mit abgerundetem Kopf gegen Stellklötze 8, die wieder auf den Lagerschalen ruhen und diese in genau zentrierter Stellung halten. Die Muttern der Stellschrauben dienen lediglich als Gegenmuttern, zum Drehen der Schrauben der äußere Vierkant. Unter den Muttern liegen, auf Vierkante der Stellschrauben gestreift, die Stellscheiben 10 mit 12 Bohrungen. Dagegen enthalt jede Auflage der Scheiben 11 Bohrungen mit Gewinde fur eine Prisonschraube 9. Die Stellschrauben können demnach in 11 . 12 = 132 verschiedenen Stellungen festgehalten werden und ermöglichen eine sehr genaue Lagereinstellung. Dieselbe erfolgt bei der Montage in der Werkstatt und braucht nach Abmontage beim neuen Zusammenbau nicht wieder vorgenommen zu werden. Wie schon oben ausgeführt, ist die Lage der Schaufeln der einen Scheibe zu denen der andern durch die Lage der Lagerschalen bestimmt, weil diese in Ermangelung von Kammlagern Anlaufflachen besitzen. Daraus ergibt sich, daß eine Möglichkeit geschaffen werden muß, die Stellung der Lager in der Richtung der Wellen zu fixieren. Diesem Zwecke dienen die Stellschrauben 21. Ihr unteres Ende faßt in eine Paßbohrung der oberen Lagerschale und ist exzentrisch zur Bolzenachse angesetzt, so daß bei einer Drehung der Schraube das Lager ein wenig in der Drehrichtung, aber auch, worauf es ankommt, in der Längsrichtung verschoben wird. Diese Stellschrauben können ebenso wie die, welche die zentrale Stellung der Lager bestimmen, in 132 Stellungen festgeschlossen werden. Alle Lagerschrauben sind durch die Handlöcher des Gehäuses zugänglich. Die gußeisernen Lagerschalen sind mit Weißmetall ausgegossen. Ihre genaue Lage zueinander wird durch die Stifte 13 bestimmt. In der Mitte ist in das Weißmetall eine Ringnute gedreht, der das Oel zugefuhrt wird. Von hier verteilt es sich auf drei eingefräste Langsnuten 17.

Die Schmierung der Lager erfolgt bei Stalturbinen stets durch eine Zahnradpumpe. Durch Schneckenradübersetzung erhalt sie ihren Antrieb von der Regulatorwelle. Sie liegt unterhalb des einen Dynamoendlagers direkt im Oelsammeltank. Das Oel wird durch eine in die Druckleitung geschaltete, wassergekühlte Schlange auf niedriger Temperatur gehalten. Durch Rohr 19 gelangt es in die untere Lagerschale, wird durch die Nuten über den ganzen Zapfen verteilt, fließt nach dem hohlen Lagerraum ab und weiter durch Rohr 20 wieder nach dem Tank. Innerhalb des Turbinengehäuses umgibt das Abfluß- das Druckrohr. Ausspritzen des Oeles nach außen wird durch die scharfkantigen Ringnuten f der Welle (Abb. 29) verhindert, die das Oel abwerfen und durch die Nuten c und d im Lagergehäuse, ferner durch die Abstreifringe e, welche die Welle mit sehr kleinem Spiel umschließen. Nach den erweiterten Außennuten d gelangendes Oel fließt durch Rohr 9 nach dem Tank ab. Die Schwemmschmierung führt so vie

Lagerwärme ab, daß sich Wasserkühlung für die Lager erübrigt. Die durch die vier Lager eines 1500 PS-Stalturbodynamos zirkulierende Oelmenge beträgt zwei Liter pro Sekunde. Die Pumpe schafft die Menge mit einem Druck von 2,5 kg pro qcm, wovon etwa die Hälfte durch Reibung in Leitungen, Kühler und Lagern aufgezehrt wird. Der Oeldruck reicht aus, um unter dem Einfluß des für diese Turbine gebräuchlichen Regulators (Beschreibung unter § 39) das Drosselventil zu steuern.

Von den außergewöhnlich kleinen Abmessungen der Stalturbinen folgendes Bild: In einer 1500 PS-Turbine (Abb. 29 und 31) beträgt der Durchmesser über den äußeren Schaufelkranz 825 mm, Breite der Schaufeln bei den inneren Kränzen kaum 5 mm, beim äußersten 18 mm, Länge der kurzesten Schaufeln 11 mm, der längsten (äußerster Kranz) 60 mm; Gewicht der einen Laufscheibe mit Schaufeln, Labyrinthen und Wellenende 137,4 kg, das der anderen 119,7 kg. Höhe des Gehäuses einschließlich Abdampfstutzen 1,5 m, Länge 1,4 m. Gewicht der kompletten Turbine wie in Abb. 29 2800 kg, d. h. kaum 1,9 kg pro PSe. Der Durchmesser über den äußersten Schaufelkranz der 7500 PS-Stalturbine in Abb. 33 beträgt 0,85 Meter! Höhe und Breite einer 12 000 PS-Stalturbine (über Gehäuse) ist dieselbe wie bei einer schnellaufenden Parsonsturbine, dagegen ist erstere nur ¼ so lang!

Einläufige Stalturbinen werden nur fur besondere Zwecke erbaut. Die eine Scheibe steht fest, die Schaufeln derselben werden zu reinen Umkehrschaufeln (wie bei Parsons). Die Dampfzufuhrung erfolgt durch das Zentrum der festen Scheibe. Die Zahl der Stufen ist naturgemäß größer als bei der gegenlaufigen Turbine gleicher Leistung, bei einer 1500 PS-Maschine z. B. 52 gegen 42, wobei die Vermehrung um 10 Kränze aber erheblich mehr bedeutet als die Zahl angibt, weil die Durchmesser, Schaufelzahlen und Umfangsgeschwindigkeiten derselben Zusatzkränze bedeutend größer sind als die der 42 voraufgehenden. Im Durchmesser wird diese Turbine deshalb etwas größer, die Länge geringer. Die Wirtschaftlichkeit liegt 12—15% niedriger als bei der gegenläufigen Maschine und steht mit der andrer Turbinensysteme auf gleicher Höhe.

Auseinandernehmen und Zusammenbau der gegenläufigen Stalturbine lassen sich in kürzester Zeit ausfuhren. Z. B. wird eine 1500 PS-Maschine von drei Personen in zwei Stunden vollstandig zerlegt. Zur A b m o n t a g e löst man die Schrauben, welche Hohlringe P (in Abb. 30 Seitenkammern genannt) mit dem Gehäuse verbinden, ferner die Schrauben des Gehäuseoberteiles und die Schrauben 4 (Abb. 29) der Lagerhülsen. Danach kann das Gehäuseoberteil mit den oberen Lagerschalen entfernt werden. Weiter: Flanschschrauben zwischen Turbinen- und Dynamowellen heraus, Aufsetzen eines uber die Flanschen der Ringe P greifenden Bugels (Abb. 30), Ausheben der Hohlringe mit den beweglichen Teilen der Turbine. Das Abziehen der Ringe P von den Enden des Zudampfrohres bietet keine Schwierigkeit. Nun können die Laufscheiben auseinandergezogen werden. Nach Lösen der Wellenmuttern sind die Enden aus den Konussen und aufgekeilten Labyrinthringen herauszutreiben, die so lange zwischen den Labyrinthringen der Scheiben P sitzen bleiben, bis letztere nacheinander herausgezogen sind. Danach erfolgt von selbst die Trennung der Ringe P von den Laufscheiben, genau genommen die der Labyrinthscheiben. Damit ist die Zerlegung beendet und die Revision aller Teile möglich.

Ueber die **Versuchsergebnisse** einer etwa 1000 Kilowatt leistenden gegenläufigen Stalturbine ist folgendes bekannt gemacht:

Belastung	1/1	3/4	1/2	1/4
Umdrehungen pro Minute	3 000	3 018	3 019	3 019
Druck vor dem Drosselventil kg	11,7	11,4	11,5	11,7
Druck hinter dem Drosselventil kg	10,6	8,3	5,7	2,9
Absoluter Druck im Abdampfstutzen kg	0,043	0,044	0,044	0,04
Dampftemperatur hinter dem Ventil	351°	351°	351°	350°
Temperatur des Schmieröls im Ablauf	52°	51°	53°	49°
Elektrische Leistung KW	972	751	500	250
Effektive Leistung PSe	1 405	1 093	746	404
Stündliche Kondensatmenge einschließlich Stopfbüchsen kg	5 096	4 164	3 000	1 756
Stündlicher Dampfverbrauch pro KW, kg	5,24	5,54	6,0	7,02
Stündlicher Dampfverbrauch pro PSe, kg	3,63	3,81	4,02	4,35
Effektiver Gütegrad bezogen auf den Dampfzustand hinter dem Ventil	76,9%	74,3%	74,1%	73,1%

Der effektive Gütegrad ist das Verhältnis der von der Turbine geleisteten Arbeit (hier elektrische Leistung; die eigentliche Turbinenleistung ist noch etwa 5% größer, da diese den Dynamoverlust ausmachen) verglichen mit der Leistung, die man theoretisch aus der Dampfgeschwindigkeit durch das vorhandene Druckgefälle erhält (diese Leistung zu 100 angesetzt). Ein Gütegrad von 76,9% wurde bisher bei keiner Turbine festgestellt; ebenso findet man einen Dampfverbrauch von 5,24 kg für die Kilowattstunde bei andern Turbinen nur ausnahmsweise bei ganz großen Aggregaten, während er bei 1000 Kilowattmaschinen mindestens 12% größer ist. Ganz hervorragend ist die Wirtschaftlichkeit auch bei den verringerten Leistungen. Bei einer 7500 PS-Stalturbine wurde ein Dampfverbrauch von 4,9 kg pro Kilowattstunde festgestellt. Die Dampfspannung betrug 15 kg, die Dampftemperatur 380° C und der Gegendruck 0,06 kg. Für eine 7500 PS-Stalturbine mit 20 kg Dampfdruck und 400° Dampftemperatur gibt die schwedische Fabrik als **Dampfverbrauch** 3,0 kg **pro Pferdestärke** an! In einem kleinen Aggregat von nur 750 PS wurde bei 12 kg Arbeitsdruck, 330° Dampftemperatur und 0,05 kg Gegendruck ein Dampfverbrauch von 4,04 kg pro PS festgestellt gegen 4,75 kg in einer gleich starken Zoellyturbine; und diese zählt zu den besten der anderen Systeme.

III. Teil.

Aktionsturbinen.

IX. Abschnitt.

Die A.E.G.-Curtisturbine.

§ 37.

Allgemeines.

Die von der Allgemeinen Elektrizitätsgesellschaft in Berlin herausgebrachte Turbine ist eine reine Aktionsturbine, welche (abgesehen von Sonderverwendung als z. B. Abdampf-, Anzapf- und Gegendruckturbine) in vier Typen zur Ausführung gelangt. Die Ausbildung dieser vier Bauarten hängt mit der Leistung und der Umdrehungszahl, fur die sie bestimmt sind, zusammen.

Einige der Gründe, welche die Erbauer zur Annahme des Aktionsprinzips und Erwerbung der Curtispatente veranlaßte, sind folgende:

1. Durch Anwendung des Freistrahlprinzips in Verbindung mit Geschwindigkeitsabstufung eine Maschine mit wenigen Stufen, also möglichst einfachem Aufbau und geringer Baulänge zu erhalten. Die Absicht, dieses Ziel zu erreichen, wird dadurch unterstützt, daß infolge Gleichdruckes vor und hinter den Laufschaufeln und -rädern kein Achsialschub ausgeübt wird und daher Druckausgleichkolben fortfallen.

2. Durch die geringe Stufenzahl ein besonders starkes Druckgefälle in der ersten Stufe (in den Eintrittsdusen) zu erzielen. In das Turbinengehäuse selbst tritt infolgedessen Dampf von sehr geringer Spannung. Man kommt mit schwachen Gehäusen aus, welche bei ihrer Kurze und den in ihnen auftretenden mäßigen Drucken und Temperaturen nur mäßigen Dehnungen ausgesetzt sind. Durch die Verlegung des größten Teiles von Druck- und Temperaturgefalle in die Eintrittsdüsen wird die Verwendung hoch überhitzten Dampfes sehr begünstigt.

3. Die Anwendung teilweiser Beaufschlagung in der ersten Stufe, welche eine Aenderung der Leistung durch Zu- oder Abschalten von Düsen gestattet. Dadurch wird die Anwendung der vollen Dampfspannung bei fast allen Belastungen erreicht und Dampfdrosselung vermieden, die gleichbedeutend ist mit kinetischem Energieverlust. Durch die Düsenschaltung steigt der Dampfverbrauch im Falle der Leistungsverminderung nicht halb so schnell, wie dies bei Drosselung (in der Reaktionsturbine notwendig) der Fall ist.

4. Die Anwendung großer Schaufelspiele, welche erhohte Betriebssicherheit gewährleistet. Sie sind deshalb möglich, weil die Schaufelhöhe dem Düsenstrahl genau angepaßt werden kann. In Druckstufen mit nur einer Geschwindigkeitsstufe kann das Radialspiel infolgedessen beliebig gewählt werden. Bei der Geschwindigkeitsabstufung ist der auftretende Spaltverlust sehr gering, da vor und hinter den Schaufeln Gleichdruck herrscht.

Die vier Bauarten der A.E.G.-Curtisturbine sind folgende:

Typ 1 für kleine Leistungen (unter 50 PS) bei 3—8000 Umdrehungen Er besitzt ein drei- oder vierkränziges Curtisrad.

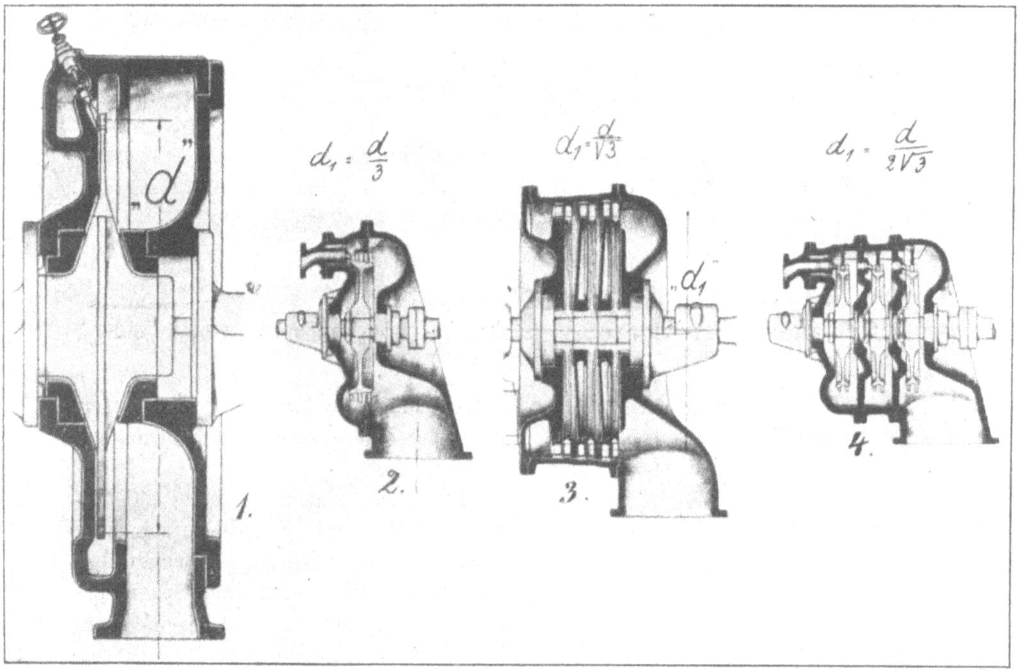

Abb. 38 Aktionsturbinen mit gleicher Drehzahl.

Typ 2 für Leistungen bis etwa 3000 PS bei 3—4000 Umdrehungen. Er erhalt zwei Druckstufen mit je zwei oder drei Geschwindigkeitsstufen.

Typ 3 für große Leistungen und etwa 750—2000 Umdrehungen. Er besitzt ein zweikränziges Curtisrad und eine Anzahl einkränziger Druckstufen. Der Typ ist schon fur Einzelleistungen von 50 000 PS erbaut worden!

Typ 4 für Schraubenantrieb, also niedrige Umdrehungen. Er erhält eine Anzahl mehrkranziger Curtisräder und im Niederdruckteil eine Reihe einkränziger Druckstufen, die auf einer Trommel angeordnet sind.

Abb. 38 stellt Größenabmessungen von Gleichdruckturbinen dar unter der Annahme, daß alle mit der g l e i c h e n Umdrehungszahl laufen und das g l e i c h e

Gesamtdruckgefälle verarbeiten. Die erste Figur zeigt eine Turbine mit einem einzigen einkränzigen Rade, die zweite eine einzige Druckstufe mit drei Geschwindigkeitsstufen. Der Durchmesser des Rades beträgt nur ⅓ desjenigen der ersten Turbine. Infolgedessen fällt auch das Gehäuse sehr klein und leicht aus. Die dritte Figur gibt eine Turbine mit drei Druckstufen und je einer Geschwindigkeitsstufe wieder. Sie ist schon komplizierter im Aufbau und muß für die gleiche Umdrehungszahl wie die der beiden ersten Maschinen fast den doppelten Raddurchmesser der zweiten erhalten, da derselbe gegenüber der ersten nicht auf $\frac{d}{3}$, sondern nur auf $\frac{d}{\sqrt{3}}$ heruntergeht. Der vierte Fall stellt eine Turbine mit drei Druckstufen und je zwei Geschwindigkeitsstufen dar. Gegenüber der reinen Druckabstufung in Figur 3 sinkt der Raddurchmesser auf die Hälfte oder im Vergleich zur ersten Darstellung auf $\frac{d}{2\sqrt{3}}$. Das erste Beispiel ist, volle Dampfausnutzung vorausgesetzt, wie schon in § 5 erörtert nicht ausführbar; dagegen ist das Ziel bei den andern Typen erreichbar. Die Geschwindigkeitsabstufung bietet den einfachsten und leichtesten Aufbau, die reine Druckabstufung dagegen den schwereren — aber die höchste Wirtschaftlichkeit (§ 12).

§ 38.

Die A.E.G.-Curtisturbine mit einer Druckstufe und mehreren Geschwindigkeitsstufen.

Dieser Typ fur geringe Leistungen findet Verwendung zur Erzeugung elektrischer Energie auf Schiffen mit geringem Kraftbedarf sowie zum Antrieb von Zentrifugen, Turbospeise- und -luftpumpen, Geblasen usw. (Abb. 39).

Das gußeiserne Gehäuse ist in der Horizontalen geteilt. Auf die Welle ist ein Rad gekeilt, welches mit drei oder vier Schaufelkränzen besetzt wird. Es wird ausnahmslos partiell beaufschlagt. Da nur eine einzige Druckstufe vorhanden ist, expandiert der Dampf von der vollen Druckhöhe auf die im Abdampfstutzen herrschende Spannung. Bei freiem Auspuff tritt somit gar kein Ueberdruck im Gehäuse auf und bei direktem Kondensatoranschluß steht dasselbe von außen unter atmosphärischem Ueberdruck. Im ersten Falle sind die Wellenstopfbüchsen völlig entlastet, während im letzteren Sperrdampf nötig wird. Arbeitet dieser Typ als Gegendruckturbine, d. h. geht der Abdampf in eine Leitung, welche, wie die Abdampfleitungen von Kolbenhilfsmaschinen 1—2 kg absoluten Druck führt, dann kommt man z. B. statt eines vierkränzigen Rades mit einem dreikränzigen aus. Die Beaufschlagung muß naturgemäß größer werden, wenn bei gleicher Schaufelgeschwindigkeit dieselbe Leistung erzielt werden soll wie in der vierkränzigen Turbine, welcher das Druckgefälle bis zur Kondensatorspannung zur Verfügung steht.

Die partielle Beaufschlagung erfolgt durch einen Kasten mit Düsen, der an ein automatisch betätigtes Regulierventil angeschlossen ist. Vor diesem wieder sitzt das von Hand bediente Einlaßventil. Zur Erzielung möglichst hohen Düsendruckes, d. h. zur Vermeidung stärkerer Drosselung des Dampfes, die mit Verlust an Strömungsenergie verbunden ist, sind an den Hauptdüsenkasten häufig noch ein oder zwei Zusatzdüsenkästen angeschlossen. Sie werden durch von Hand betätigte Absperrventile ein- oder abgeschaltet. Während bei voller Leistung alle Düsen arbeiten, werden bei Leistungsverminderung einer oder beide Zusatzdüsenkästen abgestellt, so daß die übrigen Düsen mit hohem Druck weiterarbeiten. Daß hoher Düsendruck wirtschaftlicher als niedriger (abgedrosselter) ist, geht ohne weiteres aus der Formel nach § 11 hervor. Die Arbeitsleistung

$$L = \frac{m}{2} \cdot v^2.$$

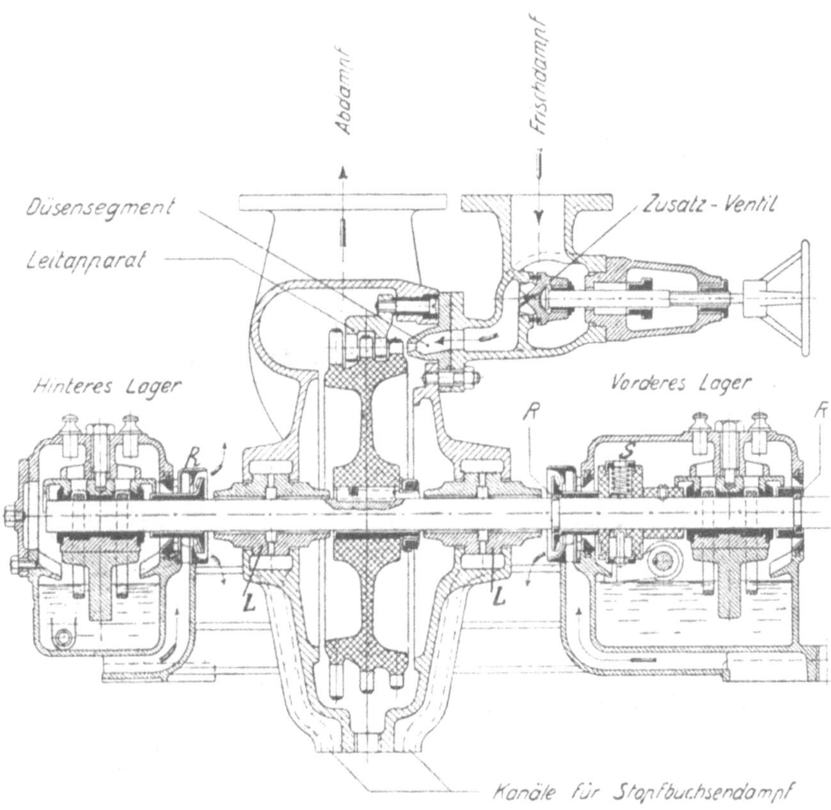

Abb 39.
L Stopfbüchsen, R Ventilationsringe, S Schnellschlußring.

Da abgedrosselter Dampf nicht so große Dampfgeschwindigkeit erzeugen kann, wie höher gespannter, so muß, wenn v größer ist, im letzteren Fall, auch die Leistung L größer werden, vorausgesetzt, daß die Dampfmenge m (Anzahl der arbeitsfähigen Moleküle) dieselbe bleibt. Umgekehrt besagt das, daß mit weniger Dampf von hoher Spannung dieselbe Leistung erzielt wird wie bei größerem Dampfgewicht mit niedriger

Spannung. In Abb. 40 gibt die starke Linie den Dampfverbrauch bei Düsenregulierung, die punktierten den bei Drosselung wieder. Bei 1000 Kilowatt z. B. ist der Dampfverbrauch mit vier offenen Düsen und hohem Druck 6,7 kg fur das Kilowatt und Stunde, dagegen mit zwölf Düsen und abgedrosseltem Dampf 7,6 kg!

In der Aktionsturbine geht der aus den Düsen tretende Strahl geschlossen durch die Lauf- und Umkehrschaufeln hindurch und verbreitert sich nur wenig. Daher brauchen Umkehrschaufeln auch nur in der Breite der Beaufschlagung zusätzlich eines kleinen Stückes darüber hinaus angebracht zu werden, d. h. es bedarf bei teilweiser Beaufschlagung nur des Anbringens von Umkehrschaufelsegmenten. Die Leitschaufeln für eine Stufe werden in ein einziges Segmentstück eingesetzt, das mit dem Gehäuse verschraubt wird (Abb. 39).

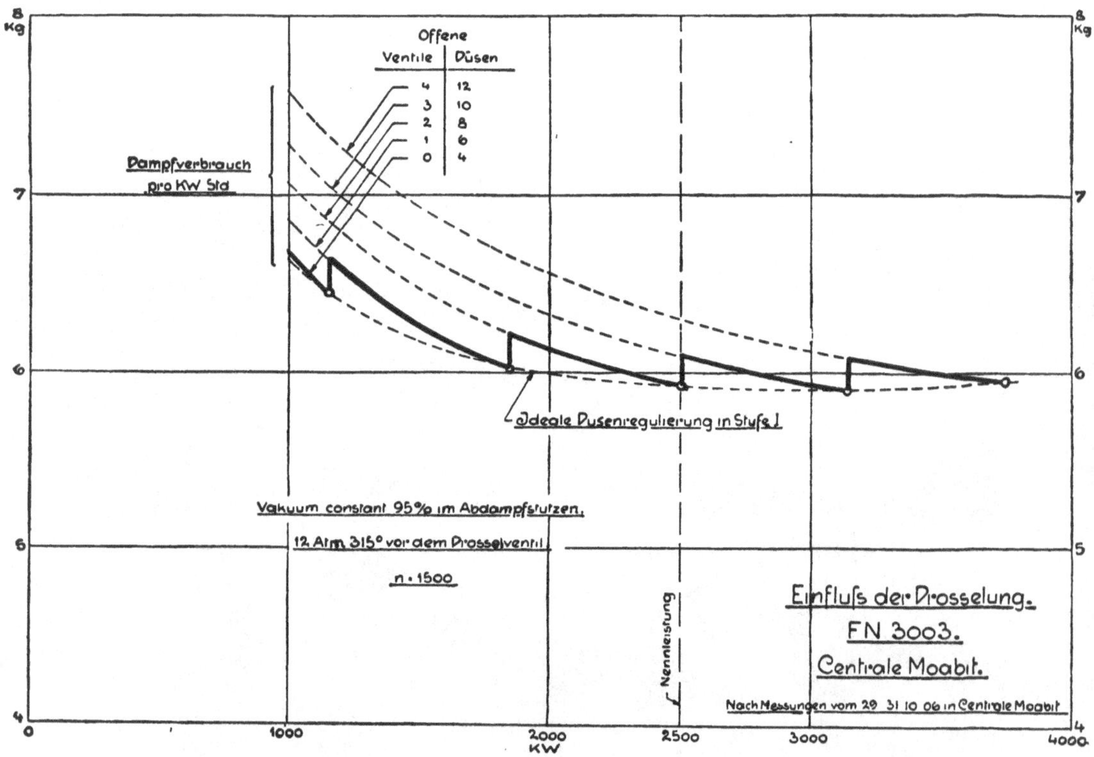

Abb. 40. Einfluß von Drosselung und Düsenschaltung bei Aktionsturbinen.

Das Laufrad ist folgendermaßen befestigt: Auf die Welle wird eine geschlitzte, konische Stahlbüchse gesetzt, die durch einen Längskeil gegen Verdrehen und einen Querkeil gegen Verschiebung auf der Welle gesichert ist. Auf diese Büchse wird das konisch ausgebohrte Nickelstahlrad geschoben und durch eine Mutter festgezogen, welche auf das mit feinem Gewinde versehene schwache Ende der Büchse geschraubt wird. In die breite Radperipherie sind die aus Spezialbronze gezogenen Schaufeln mit Schwalbenschwanz in entsprechende Nuten eingesetzt. Die Schaufeln werden mit übergelegter und angenieteter Bandage versehen, die neben einer Versteifung eine Führung des Dampfstrahles bewirken, d. h. einer Streuung desselben in den Spalt hinein zwischen Dusensegment und Laufschaufelenden vorbeugen sollen. Dasselbe ist bei den ebenso bandagierten Leitschaufeln fur den Raum zwischen ihren Kopfenden und dem Rade der Fall. Die Spaltverluste nämlich, welche in der Aktionsturbine auftreten, sind nicht derselben Art wie in der Ueberdruckturbine. In letzterer tritt in jedem Falle Spaltverlust durch den vor den Schaufeln herrschenden Ueberdruck auf, in der Aktionsturbine aus diesem Grunde nie, weil Gleichdruck herrscht. Vielmehr ist hier als Spaltverlust nur das anzusehen, was an strömendem Dampf an den Laufschaufeln vorbeigeht. Es gilt also die Schaufelung so auszugestalten, daß die aus den Düsen bzw. Umkehrschaufeln tretenden Dampfstrahlen voll von der Laufschaufelung abgefangen werden. Wie Abb. 39 zeigt, ist zwischen zwei Laufkränzen eine vertiefte Nute geschaffen, in welche die Leitschaufelenden hineinragen, und andererseits zwischen den Leitschaufelreihen eine gleiche Vertiefung eingedreht, in welche die Laufschaufeln „versenkt" sind. Wären nun nicht die Bandagen vorhanden, so wurde durch die Dampfstrahlen der in den Nuten stehende energielose Dampf mitgerissen und es müßten durch einen kleinen Teil des nachströmenden Dampfes die Lücken wieder gefüllt werden. Dieser geringfugige Spaltverlust wird aber durch die Bandage, welche die Dampfstrahlen von den Nuten trennt, fast ganz beseitigt. Die Bandage wird, wie schon fruher ausgefuhrt. in Stücke von 400—500 mm Länge zerschnitten.

An den Austrittsstellen wird die Welle nicht durch volle, sondern durch halbe Labyrinthe gedichtet. Sie ist nämlich glatt abgedreht und wird von zweiteiligen Metallbüchsen umfaßt, in welche viele feine Rillen gedreht sind. In der Mitte trägt jede Büchse einen Ringkanal zum Einlassen von Sperrdampf. Die Büchsen durfen nicht an der Welle anliegen, da die Maschine sonst unruhig läuft. Durch besondere Vorrichtungen ist das Büchsenspiel kontrollierbar.

Um zu verhindern, daß Dampfvrasen in die Traglager gelangen, sind auf die Welle Ventilationsringe gesetzt, die durch an die Lagerstühle gegossene Kanäle Luft ansaugen und den aus den Stopfbüchsen tretenden Dampf seitlich wegventilieren.

Die Lagerstuhle sind mit dem unteren Gehäuseteil und dem Fundament fur die angetriebene Maschine (Dynamo, Pumpe usw.) aus einem Stück gegossen. Die Lager werden entweder mit Ringschmierung versehen (wie in Abb. 39) oder arbeiten mit Drucköl. Im einen Lagerstuhl sitzt auf der Welle ein Schnellschlußregler, der bei Ueberschreitung der normalen Umlaufzahl um 5—10% das beim Oeffnen durch eine Feder unter Spannung gesetzte Dampfeinlaßventil auslöst. Er besteht wieder aus einem einseitig belasteten Schleuderring, der nach Ueberwindung der Spannkraft der dem einseitigen Gewicht gegenüber angebrachten Feder ausschlägt. Gewöhnlich sitzt im selben Lagerstuhl auf der Welle noch ein Schleuderbackenregler, der einen hinter dem Einlaßventil eingeschalteten Drosselkolben beeinflußt, indem die Bewegung der Schleuderbacken (unter Ueberwindung der Kraft einer auf sie wirkenden Spiralfeder) durch ein Gestänge auf ihn übertragen wird. Die Regelung ist bei guter Instandhaltung so empfindlich, daß bei den stärksten Belastungsänderungen die Umdrehungszahl höchstens um 5% schwankt und von Vollast auf Leerlauf nicht einmal der Schnellschluß auslöst.

Da ein Achsialschub wegen des vor und hinter dem Laufrade herrschenden Gleichdrucks nicht auftritt, wird für diese Turbine ein besonderes Drucklager nicht vorgesehen. Die Einhaltung des achsialen Schaufelspieles erfolgt gewöhnlich durch ein paar Bunde, welche zu den Seiten eines der Traglager auf die Welle gesetzt sind. Die Seiten des Lagers dienen dann als Anlaufflächen. Da die Welle überall gleich stark gemacht wird, erhalten die Bunde noch eine besondere Sicherung gegen einseitige Längsverschiebung in Gestalt je eines in eine Nute der Welle gesetzten, aufgeschnittenen Sicherungsringes.

Die Turbine wird ohne vorherige Anwärmung langsam angelassen.

§ 39.

Die A.E.G.-Curtisturbine mit zwei Druckstufen und je zwei oder drei Geschwindigkeitsstufen.

Dieser Typ wird sowohl für kleinere Leistungen (z. B. als Lichtmaschine für Schiffe) wie auch für größere Leistungen bis zu 3000 PS hinauf erbaut und bildet im letzteren Falle die schnellaufende Turbine für große Leistung. Als Maschine zur Erzeugung von Drehstrom läuft sie mit 3000 Umdrehungen.

Der Aufbau unterscheidet sich vom Herkömmlichen dadurch, daß das Gehäuse nur bei kleinen Ausführungen in der Horizontalen geteilt, bei größeren dagegen in der Vertikalen in mehrere Teile zerlegt wird. Abb. 41 gibt eine solche Turbine wieder. Das gußeiserne Gehäuse setzt sich aus drei Teilen zusammen:

1. Aus einem fundamentierten Niederdruckgehäuse (wie in Abb. 38, 4. Maschine), in dem das zweite Laufrad arbeitet. Das Gehäuse ist hinter dem Rade zu einem Abdampfkanal erweitert, welcher gewöhnlich nach unten in einen großen Abdampfstutzen ausläuft. Die ganze Turbine ruht auf kräftigen Fußflanschen, die seitlich an den Niederdruckteil angegossen sind. Innen trägt das Gehäuse angegossene Lappen zur Befestigung von gußeisernen, die Umkehrschaufeln der zweiten Druckstufe aufnehmenden Segmentstücken. Es sind so viele Segmentstücke vorhanden, daß ein geschlossener Kranz entsteht, da diese Stufe mit voller Beaufschlagung arbeitet. Weiter sitzt im Wellenaustritt am Gehäuse eine Stopfbuchse.

2. Der folgende mittlere Gehäuseteil bildet den Zwischenboden zwischen erster und zweiter Druckstufe. Mit einer besonderen Büchse umfaßt er die Welle dampfdicht. In der Peripherie sind die die zweite Druckstufe am ganzen Umfang beaufschlagenden Düsen angebracht. Auf der Dampfeintrittsseite trägt der Zwischenboden Angüsse zur Halterung der Umkehrsegmente für die erste Druckstufe, aber nur gegenüber den diese Stufe teilweise beaufschlagenden Düsen. Der Zwischenboden dichtet metallisch sowohl gegen das Niederdruckgehäuse wie gegen

3. den dritten Teil, den Deckel. Derselbe wird auf langen Stiftschrauben befestigt, welche im Flansch des Niederdruckgehäuses sitzen und außen am Zwischenboden vorbeigehen. Der so eingeklemmte Zwischenboden ist am Niederdruckgehäuse nur durch zwei seitliche Lappen mit Kopfschrauben gehaltert, im übrigen in einer

Flanschausdrehung gestutzt. Der Deckel nimmt einmal eine Wellenstopfbüchse auf und andererseits die Eintrittsdusenkästen, zwei Stuck, die sich diametral in der Hori-

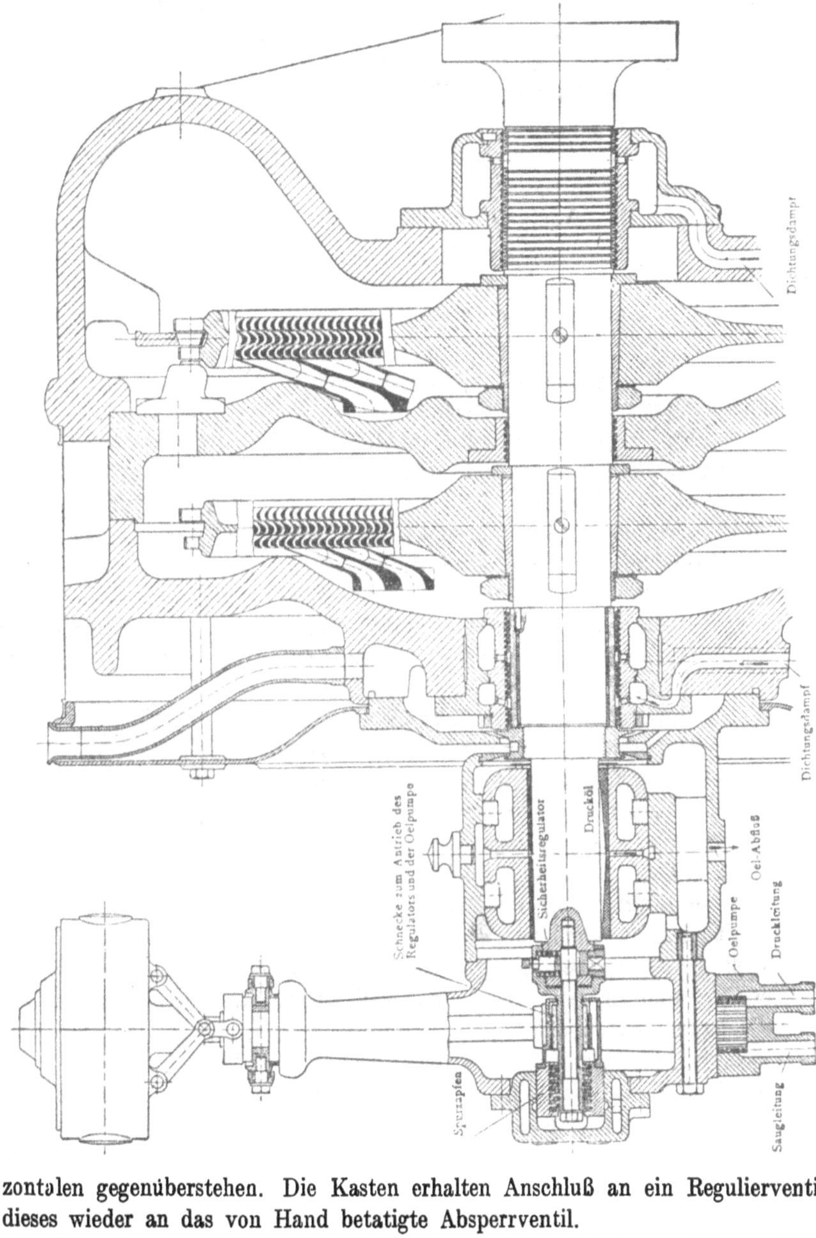

Abb 41. Schnellaufende A.E.G. Curtisturbine.

zontalen gegenüberstehen. Die Kasten erhalten Anschluß an ein Regulierventil und dieses wieder an das von Hand betatigte Absperrventil.

Wie schon erwähnt, besitzt die Turbine zwei Druckstufen, meistens mit je zwei Geschwindigkeitsstufen. Nur kleine Ausführungen mit Rädern von geringem Durchmesser erhalten, um die Umgangszahl nicht zu sehr zu steigern, drei Geschwindigkeitsstufen. In der ersten Druckstufe fällt der Dampfdruck schon fast auf atmosphärische Spannung. Das Gehäuse ist also nur sehr geringem Ueberdruck ausgesetzt. Selbst bei hoher Ueberhitzung des Dampfes gelangt derselbe deshalb mit nur mäßiger Temperatur in das Gehäuse. Die Ueberhitzung verschwindet bei der starken Expansion in den Eintrittsdüsen fast vollständig und die Turbine ist daher nur geringen Dehnungen ausgesetzt. Dieses zusammen mit dem bei diesen Maschinen statthaften reichlichen Schaufelspiel macht sie für die Verwendung hoch überhitzten Dampfes besonders geeignet.

Die beiden Laufräder, gewöhnlich aus Siemens-Martinstahl hergestellt, besitzen kräftige Naben, mit denen sie wie beim Typ 1 auf konische Nickelstahlbüchsen geschoben sind. Die Räder werden durch die vorgesetzten Muttern etwas über das starke Ende der Büchsen hinausgezogen und lehnen sich hier gegen auf die Welle gesetzte Ringe.

Für die Lauf- und Leitschaufeln gilt dasselbe wie für den ersten Typ. Der Zwischenboden umfaßt die glatte Welle mit einer Buchse, in die angeschärfte Metallringe (Spitzendichtung Abb. 8) gesetzt sind. Die Dichtung der einen gegen die andere Stufe erfolgt also durch ein „halbes" Labyrinth. Das genügt, da der Unterschied der Stufendrucke gering ist (etwa 1,3 kg).

Die Eintrittsdüsen der ersten Stufe sind in zwei kräftige, mit Flansch am Deckel befestigte und gedichtete Bronzesegmente eingearbeitet und konisch erweitert, da das kritische Druckgefälle weit unterschritten wird. Durch Entfernung des Regulierventils und der Düsenkästen kann die erste Stufe revidiert werden. Die Untersuchung der Beschaufelung der zweiten Stufe ermöglichen am Umfang des Niederdruckgehäuses angebrachte Schaulöcher.

Die Düsen der zweiten Stufe sind anders eingerichtet. Im Zwischenboden befinden sich ebensoviele Bohrungen wie Einzeldüsen zur vollen Beaufschlagung des zweiten Rades vorhanden sind. Jede Düse ist für sich aus Bronze gegossen, mit Flansch vor der Bohrung im Zwischenboden befestigt und die konisch erweiterte, ebenfalls aus Bronze gefertigte Düsenmündung besonders angesetzt.

Die Dichtung der Welle erfolgt durch Labyrinthstopfbuchsen. Auf der Niederdruckseite trägt sie niedrige Kämme, in deren Zwischenräume Ringe aus Nickelbronze ragen. Diese sitzen in einer zweiteiligen Buchse, welche wieder in ein zweiteiliges, am Niederdruckteil gehaltertes Stopfbuchsengehäuse gesetzt ist. Büchse und Gehäuse haben soviel Spielraum, daß sie nach Entfernen der Halteschrauben nach oben bzw. unten weggenommen und revidiert werden können.

Das Hochdrucklabyrinth besitzt dieselbe Dichtung, ist aber etwas anders ausgestaltet, um eine glatte Abmontage der Turbine zu ermöglichen. Auf die Welle ist zu dem Zweck eine Buchse gekeilt, welche die Kämme trägt. Diese Buchse kann zusammen mit der zweiteiligen, welche die Nickelbronzeringe aufnimmt, und mit deren Gehäuse nach vorn abgezogen werden.

Die Hochdruckstopfbuchse hat zwei Ringkanäle, von denen der äußere mit einer Sperrdampfleitung, der innere dagegen mit dem einzigen Ringraum des Niederdrucklabyrinthes verbunden ist. Der Dichtungsdampf geht also vom äußeren Kanal durch den mittleren Teil der vorderen Stopfbüchse und wird vom inneren Kanal aus nach dem hinteren Labyrinth abgesaugt. Dasselbe steht unter Vakuum und wird so gegen die atmosphärische Luft gedichtet. Weiter gelangt dahin der bis zum inneren Ringraum dringende Dampf der ersten Stufe, der wegen seines mäßigen Ueberdruckes allein aber nicht ausreicht, um beide Stopfbüchsen genügend dicht zu machen. Zwischen vorderem Labyrinth und Traglager ist auf die Welle ein Ventilationsring gesetzt, der Leckdampf vom Lager fernhält und durch einen Kamin nach oben abbläst.

Am Deckel ist mit Stiftschrauben der vordere Lagerstuhl befestigt, der das Traglager, den Sicherheitsregler (Schnellschluß), den Fliehkraftregler und ein kleines Kammlager aufnimmt. Das hintere Lager unterstützt die Turbinenwelle zusammen mit der angekuppelten Dynamowelle. Es sitzt mit dem dritten Lauflager zusammen auf dem gemeinsamen Fundament, mit welchem die Turbine durch die am Niederdruckgehäuse befindlichen Füße verbunden ist.

Die Turbinenwelle endigt vor dem vorderen Traglager in einen Konus, auf den mit Muffe eine Ansatzwelle geschoben ist. Sie wird mit der Muffe durch eine lange, durchgehende Kopfschraube auf den Konus gezogen und festgehalten. In eine Aussparung des Konus und der Muffe ist der Schnellschlußring gesetzt. Die Ansatzwelle trägt in der Mitte ein Schneckengewinde und faßt damit in das auf der Reglerwelle befestigte Schneckenrad. Vorn ist die Ansatzwelle mit Kammen in einem kleinen Kammlager (in der Zeichnung Spurzapfen genannt) gelagert, welches Schubdifferenzen aufnimmt und die Adjustierung des achsialen Spieles ermöglicht.

Der F l i e h k r a f t r e g l e r ist zusammen mit der von seiner Welle angetriebenen Räderschmierpumpe in einem am Lagerstuhl befestigten Gehause untergebracht, und an diesem sitzt wieder ein Deckel, der das Kammlager aufnimmt.

Hinter das von Hand bediente Einlaßventil ist vor die Düsen ein durch den Regler und Drucköl betätigtes, doppelsitziges Drosselventil geschaltet (Abb. 42). Auf sein Gehäuse ist ein Zylinder gesetzt, in dem sich ein mit dem Ventilkegel verbundener Kolben bewegt. Die Enden des Zylinders haben durch Rohre Verbindung mit zwei Kanälen eines kleinen Schieberkastens. Der in diesem sitzende Schieber deckt in der Mittelstellung beide Kanäle mit seinen Bunden, und zwar mit sehr geringer Ueberdeckung. Der Raum zwischen den Bunden wird von der Pumpe mit Drucköl versorgt. Bewegt sich der Schieber aus seiner Mittellage, so gibt der eine, mit der Innenkante öffnende Bund dem Drucköl den Weg zu einer Kolbenseite frei, wahrend uber den mit der Außenkante öffnenden anderen Bund die andere Kolbenseite mit einer Abflußleitung zum Oelsammeltank oder der Saugeleitung der Pumpe in Verbindung tritt. Durch die Kolbenbewegung wird das Drosselventil mehr geöffnet oder geschlossen, und die Bewegung hört bei Schieberschluß sofort auf. An die durch den Fliehkraftregler betatigte Muffe ist ein horizontaler Reglerhebel angeschlossen, der in der Mitte mit dem Regulierschieber, am andern Ende mit der Druckkolbenstange verbunden ist.

Die Wirkungsweise gestaltet sich folgendermaßen: Steigt die Umdrehungszahl über die normale, so schlägt der Regler aus, hebt das mit der Muffe gekuppelte Ende des Reglerhebels, dessen Drehpunkt in diesem Augenblick der Angriffspunkt an die Kolbenstange bildet. Also wird auch der Schieber gehoben, der den oberen Zylinderkanal für das Drucköl öffnet, den anderen für den Auslaß. Der Kolben geht nach unten, der Dampf wird gedrosselt und, da in diesem Augenblick der Angriffspunkt des Reglerhebels an der Muffe den Drehpunkt bildet, der Schieber wieder auf Deckung gezogen. Das Umgekehrte tritt ein, wenn die Umdrehungszahl unter die normale sinkt. Der Regler spielt das Ventil schließlich auf eine bestimmte Oeffnung ein und verursacht

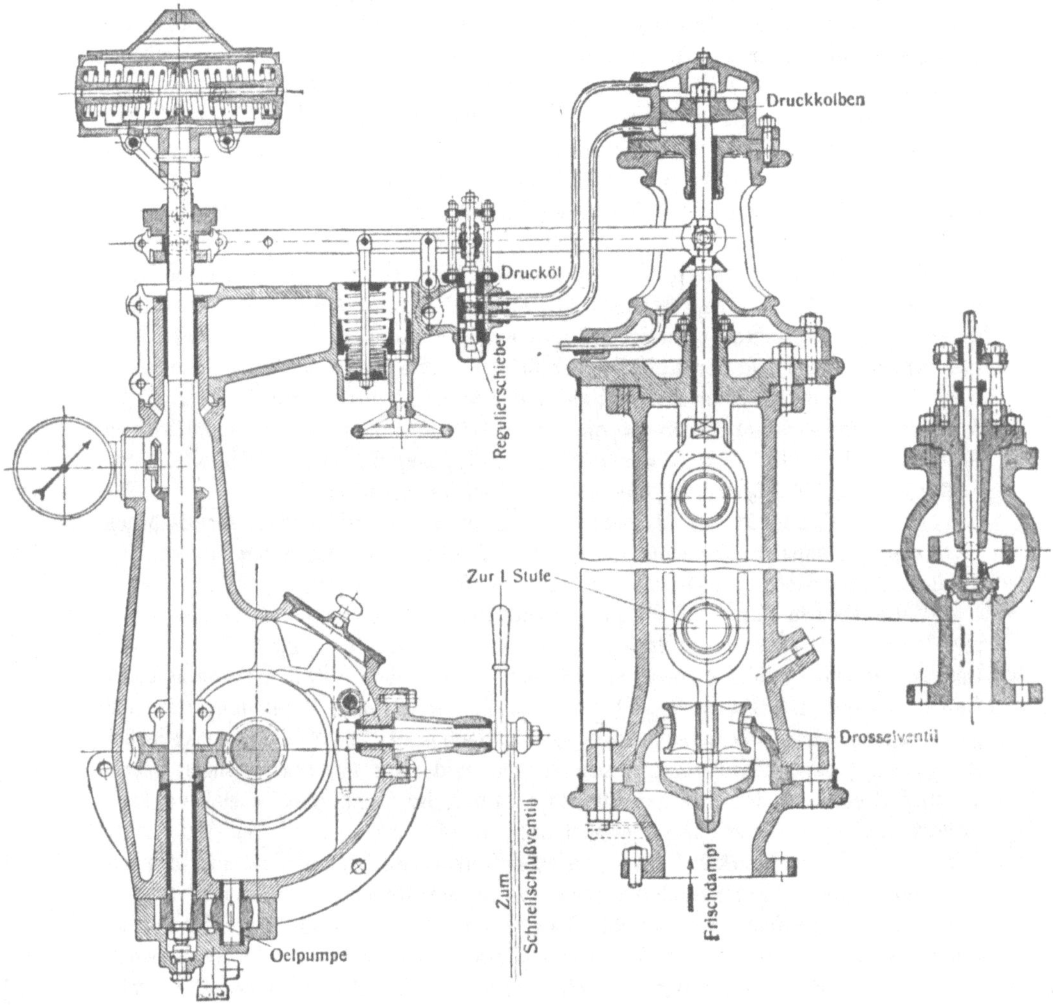

Abb. 42 Druckregler.

nur noch ganz geringe Bewegungen. Infolge der geringen Ueberdeckung der Schieberbunde ist die Regelung sehr feinfühlig. Bei Belastungsänderungen um 25 % ist z. B. festgestellt worden, daß sich die Umgangszahl augenblicklich um nur 1,5% ändert, d. h. bei 3000 Umgängen um 45! Bei plötzlicher Aenderung von Vollast auf Leerlauf oder umgekehrt stellt sich dieser Betrag auf höchstens $5^0/_0$ oder im angenommenen Falle auf 150 Umdrehungen! Der Schnellschluß tritt daher nicht in Tätigkeit.

Der Regler wird vielfach noch mit einer Feder ausgestattet, deren Spannung durch eine Spindel verstellbar ist. Die Feder ist durch einen Doppelhebel mit der Schieberstange verbunden und bewirkt indirekt eine Verstärkung oder Schwächung der Federn der Schleudergewichte. Auf diese Weise läßt sich die normale Umlaufszahl der Turbine verändern.

Die beschriebene Reglerausführung beeinflußt die Umdrehungszahl bzw. die Leistung der Turbine lediglich durch Drosselung des Dampfes. Dieselbe ist aber mit Verlust an Strömungsenergie verbunden und unökonomischer als eine Aenderung der Leistung durch verschiedene Beaufschlagung, wobei die jeweilig geöffneten Eintrittsdüsen mit hohem Druck arbeiten. Im Bordbetriebe schließt man deshalb an das Drosselventilgehäuse ein oder mehrere Zusatzventile an, die wieder direkt mit je einer oder mehreren Düsen verbunden sind. Bei Maximalleistung oder Ueberlastung der Turbine sind dann alle Ventile zu öffnen. Die Düsen der Zusatzventile haben Anschluß an das Drosselventilgehäuse, werden durch das Ventil weiter beeinflußt und damit stets eine automatische Regulierung der Umlaufzahl beibehalten. Bei Leistungsverminderung werden soviele Zusatzdüsen geschlossen, daß die übrigen stets mit hoher Spannung arbeiten. Sache des Aufsichtspersonals ist es also, dafür zu sorgen, daß der Düsendruck möglichst hoch gehalten wird. An dem vor die Düsen hinter die Ventile geschalteten Manometer ist das ohne weiteres festzustellen.

Für Landanlagen, in denen es sich durchweg um größere Leistungen und zum Teil um starke Belastungsveränderungen handelt, hat die A.E.G. eine automatische Düsenschaltung konstruiert. Die Bewegung des Kolbens wird in diesem Falle dazu benutzt, eine Reihe von Ventilen, deren jedes mit einer Anzahl von Düsen der ersten Druckstufe verbunden ist, der Reihe nach zu öffnen bzw. zu schließen. Es werden immer nur soviele Düsenventile geöffnet, also Düsen mit Volldruck betrieben, wie für die jeweilige Leistung zur Aufrechterhaltung der normalen Umdrehungszahl erforderlich sind.

Die Schmierung der Lager besorgt eine Zahnradpumpe (Abb. 43), welche ihren Antrieb von der Reglerwelle erhält. In ein bronzenes Gehäuse sind zwei ineinander kämmende, stählerne Zahnräder mit ihren Seitenflächen sauber zwischen Deckel und Boden eingeschliffen. Ebenso schleifen die Enden der Zähne nur mit Drehlose gegen die ausgerundeten Endflächen der länglichen Gehäusekammer. Das eine Zahnrad wird durch die in das Gehäuse gehende Reglerwelle angetrieben und nimmt das andere Rad mit. Betrachtet man nun auf der Seite, auf der die Räder auseinandergehen, einen Zahn, der sich also auf die Gehäuseseitenwand zu bewegt, so beginnt; wenn er die Wand erreicht, die Bildung eines Raumes zwischen ihm, der Gehäusewand und dem folgenden Zahn. Durch Fortschreiten des Zahnes und desjenigen, der vom andern Rade Anlage hat, wird der Raum zwischen der Gehäusewand und den Rädern größer und infolgedessen Saugewirkung ausgeübt, besonders aber in die Räume hinein zwischen den gerade Anlage erhaltenden Zähnen, der Wand und den ihnen folgenden Zähnen. Die Saugewirkung an diesen Stellen wird um so größer, je mehr der Abstand zwischen dem folgenden Zahn und der Gehäusewand sich verkleinert. Sobald auch dieser Zahn zur Anlage kommt, hat sich die Zahnlucke vollgesaugt, und diese Oelmenge wird, da sie nicht wegkann, mit herumgenommen. So fullt sich eine sich schließende Zahnlücke nach der andern. Auf der andern Seite, auf der die Zähne ineinanderkammen, wird, sobald der vorangehende Zahn die Lücke offnet, von dem folgenden das die Lücke fullende Oel in den Raum gedruckt zwischen Radern und geradem Teil der Gehäusewand, der also an die Druckleitung zu schließen ist. Vollends geleert werden die Lücken beim Ineinanderkammen der Zahne, so daß nach dem Saugeraum fast nichts mit durchkommt.

Die Pumpe ist infolge ihres sehr einfachen Aufbaues außerordentlich betriebssicher. Dazu tragt die ergiebige Schmierung aller reibenden Teile bei, weil sie ständig in Oel laufen und ein Verschleiß kaum eintreten kann Versagt die Pumpe, so ist entweder die Saugeleitung undicht oder die Enden der Zahne sind abgeschlissen. In letzterem Falle sind die Rader zu erneuern Haben sie zwischen Boden und Deckel zuviel Luft, dann muß die Packung dunner gemacht oder vom Gehäuseflansch etwas abgenommen werden

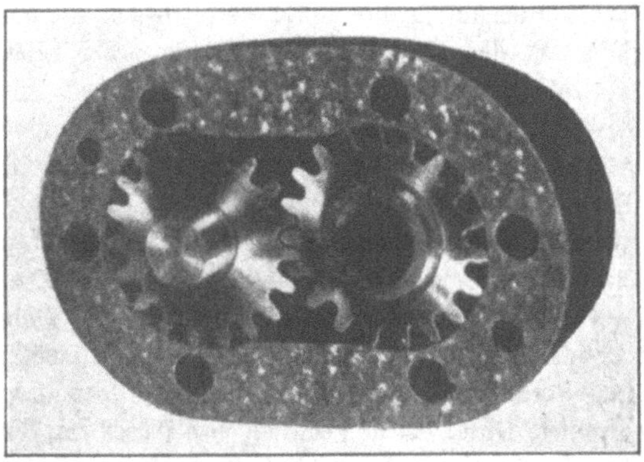

Abb. 43. Zahnradpumpe.

Das Oel wird bei den A E G -Turbinen den Lagern stets von unten zugeführt. Es fließt gewohnlich nach einem Sammelbehalter ab, in dem es filtriert wird. Bei größeren Aggregaten wird es in einem Rohrer- oder Schlangenkuhler noch besonders gekuhlt. Bei Maschinen ohne Kuhlung gehen die Oeltemperaturen bis auf 75 ° C hinauf. Lager, die mit so warmem Turbinenol gefahren werden, zeigen selbst in jahrlichem Betriebe eine kaum meßbare Abnutzung, vorausgesetzt, daß die Qualitat des Oeles unter sorgfaltiger Kontrolle gehalten wird

Die vollstandige Abmontage und das Zusammensetzen einer solchen Turbine gestalten sich außerordentlich einfach. In ersterem Falle z B. werden nach Entfernung des Drossel- und Absperrventiles nacheinander der Deckel des Reglergehauses, die Halteschraube der Ansatzwelle und nach Lösen der Oelrohre das ganze Reglergehäuse abgenommen, damit auch die Ansatzwelle abgezogen. Nach Abnahme der Oel- und vorderen Stopfbuchsenrohre sind nacheinander zu entfernen: der Lagerstuhl mit Lager, die vordere Stopfbuchse mit Wellenbuchse, der Gehausedeckel, die Umkehrsegmente am Zwischenboden, das erste Rad, der Zwischenboden, die Umkehrsegmente im Niederdruckgehäuse und schließlich das zweite Rad; unabhängig hiervon die hintere Stopfbüchse.

§ 40.

Die langsam laufende A.E.G.-Turbine.

Diese Bezeichnung hat der dritte Typ von seinen Erbauern erhalten, weil er durchweg für nur 1000—1500 Umdrehungen konstruiert wird. Die Turbine wird für außerordentlich große Einzelleistungen hergestellt, die bei Kolbenmaschinen ganz unbekannt sind. So lieferte z. B. die A.E.G. für ein großes Kraftwerk schon 1911 drei Turbodynamos von je 21 400 Kilowatt oder einer Leistung von je 32 000 PS. In neuerer Zeit ist die Einzelleistung auf 50 000 PS gestiegen.

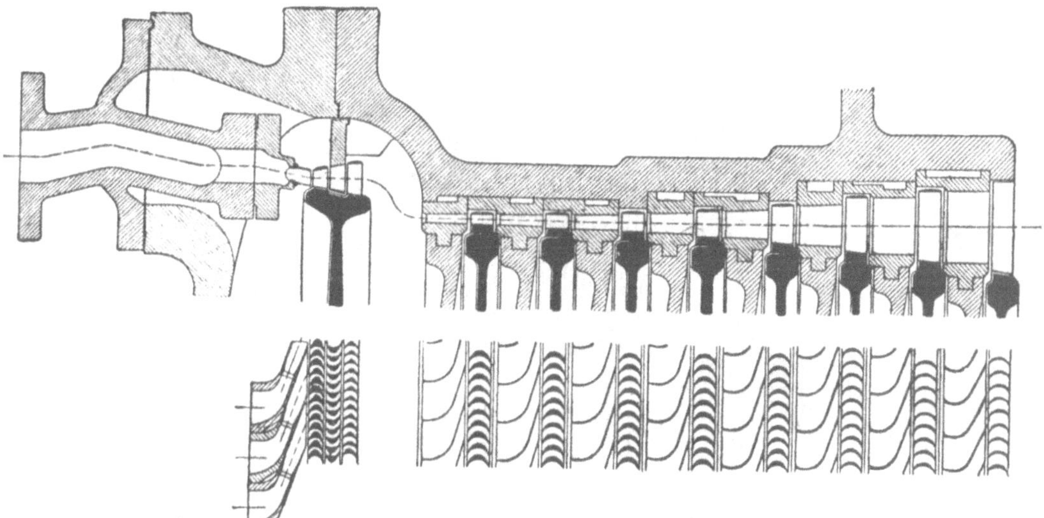

Abb. 44. Langsam laufende A.E.G.-Curtisturbine.

Hier sei nur auf die Unterschiede gegenüber der schnellaufenden Turbine eingegangen. Die Maschine besteht aus einem zweikränzigen Curtisrade als erster Stufe, die partiell beaufschlagt ist, und einer Reihe voll beaufschlagter einkränziger Druckstufen (Abb. 44). Im Gegensatz zum Typ 2 ist das Gehäuse in der Horizontalen geteilt, der vordere Boden jedoch wieder als voller Deckel gegengesetzt und durch Stiftschrauben mit dem Flansch an beiden Gehäusehälften verbunden. Das Schaufelmaterial ist nicht wie bei den beiden erörterten Typen einheitlich aus Bronze hergestellt, weil hier mehr Rücksicht auf die Temperaturen genommen werden mußte. Der Dampf erreicht die erste Stufe nämlich mit einigen Atmosphären Ueberdruck und besitzt noch Ueberhitzung. Die Schaufeln der ersten zweikränzigen Stufe sind daher aus niedrigprozentigem Nickelstahl (5% Nickel) gezogen, der sich als besonders widerstandsfähig erwiesen hat. Die größte Zahl der folgenden, einkränzigen Stufen erhält Schaufeln aus Messing (72% Kupfer, 28% Zink), während die der letzten Stufen, die infolge ihrer

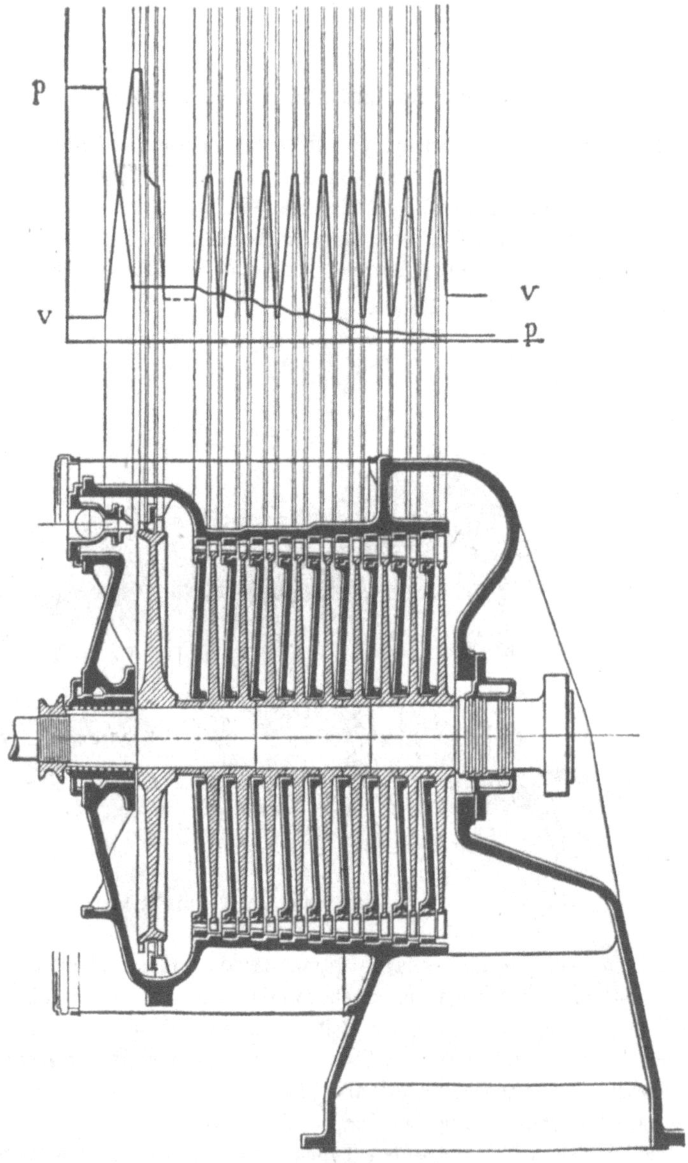

Abb. 45. A.E.G.-Curtisturbine. Druck- und Geschwindigkeitsverlauf.

Größe erheblicher Beanspruchung ausgesetzt sind, aus zäher Spezialbronze gefertigt werden. Derartig beschaufelte Turbinen haben trotz höchster Ueberhitzung nach

25 000 Betriebsstunden keine Aenderung des Dampfverbrauches gezeigt. Befestigung und Versteifung erfolgt in gleicher Weise wie bei den anderen Typen.

Die einkränzigen Räder haben zylindrisch abgedrehte Naben, die alle aneinanderstoßen. Hierüber fassen die gußeisernen Zwischenböden mit ihren halben Labyrinthen, die noch weniger durch Druckunterschiede belastet sind als die der schnellaufenden Turbine. Die Welle wird von hinten nach vorne stufenweise geschwächt, die Räder aufgekeilt und durch eine vor das vordere, einkränzige Rad auf feines Gewinde der Welle gezogene Mutter in der achsialen Richtung die andern Räder festgehalten. Das Curtisrad ist fur sich aufgekeilt.

Während die Dusen und Düsenkästen der ersten Stufe sich nicht von denen des Typs 2 unterscheiden, haben die der einkränzigen Stufen ein wesentlich anderes Aussehen. In den oberen und unteren Gehäuseteil sind gußeiserne Halbringe gesetzt. Jeder Halbring besteht wieder aus einem äußeren und inneren Halbring, die durch eingegossene, gebogene Nickelstahlbleche verbunden und durch welche die Düsen in der in Abb. 44 unten wiedergegebenen Form hergestellt sind. Die Düsenmündungen haben, wie die Abbildung zeigt, parallele Wandungen, da das Druckgefälle das kritische nicht erreicht, während sie in der ersten Stufe wegen des großen Spannungsabfalles konisch erweitert sind. Die inneren Ringteile tragen eine Leiste, mit der sie in eine entsprechende Nute des Zwischenbodens geschoben sind. Eine besondere Befestigung oder Dichtung an dieser Stelle fehlt, da die durch genaues Einpassen geschaffene ausreicht (Abb. 8).

Die außerordentlich wachsende Schaufelgröße der einkränzigen Stufen erklärt sich aus der vollen Beaufschlagung, die eine starke Erweiterung des Durchgangsquerschnittes zur Erzielung des nötigen Druckabfalles erforderlich macht. Aus Abb. 45 ist oben von p bis p der Druckverlauf, von v bis v der Geschwindigkeitsverlauf in den einzelnen Stufen ersichtlich. Auch bei diesem Turbinentyp ist infolge des starken Spannungsabfalles in der ersten Stufe, der hier zwei Geschwindigkeitsstufen notwendig machte, die Beanspruchung des Gehäuses und rotierenden Materials durch Druck und Temperatur auf ein geringes Maß beschränkt, durch die fast ausschließliche Verwendung einkränziger Stufen aber höchste Oekonomie angestrebt Daß dieses Ziel erreicht worden ist, beweist die außergewöhnliche Verbreitung dieser Turbine und ihre Herstellung in Aggregaten von nicht ubertroffener Leistung. Aus dem zwischen den Projektionslinien gezeichneten Druck- und Geschwindigkeitsverlauf läßt sich genau ersehen, wie in den Leitapparaten bei fallendem Druck die Geschwindigkeit erzeugt und diese bei gleichbleibender Spannung im Laufapparat aufgezehrt wird.

§ 41.

Die A.E.G.-Schiffsturbine.

Die Schiffsturbine erhält infolge der niedrigen Umdrehungszahlen erheblich mehr Stufen als die andern Typs. Durch Anwendung von Geschwindigkeitsstufen gelingt es vielfach, die Vorwärts- mitsamt der Rückwärtsturbine in einem Gehäuse unterzubringen. Bei großen Aggregaten für sehr mäßige Umdrehungen tritt eine Teilung in Hoch- und Niederdruckturbine ein mit der Rückwartsturbine im Niederdruckgehäuse.

Die Baulänge bleibt dabei aber durchweg so beschränkt, daß beide Turbinen auf eine Welle gesetzt werden können. Jede Welle erhält also ein in sich abgeschlossenes Turbinenaggregat für beide Laufrichtungen. Abb. 24 zeigt die Hochdruckmaschine eines geteilten Aggregates, Abb. 46 eine ungeteilte A.E.G.-Turbine und Abb. 47 den Rotor einer solchen. Letzterer ist von der Firma John Brown in Clydebank, Schottland, für einen englischen Kreuzer nach dem System Brown-Curtis gebaut, d. h. unter fast gleichen Gesichtspunkten wie die A.E.G.-Curtisturbine.

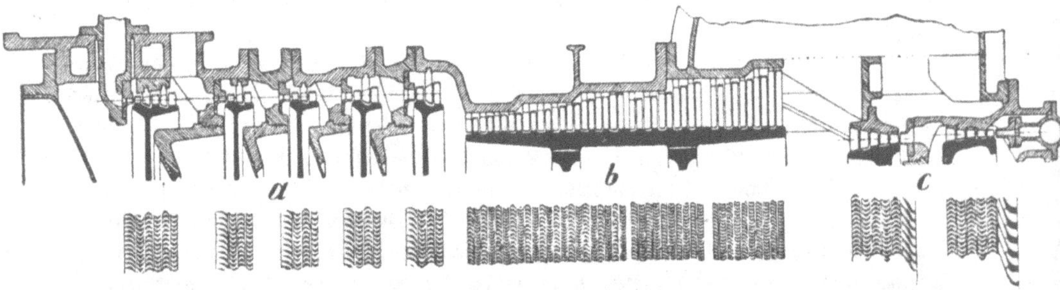

Abb. 46. A.E.G.-Schiffsturbine.

Sowohl die geteilte wie die ungeteilte Turbine zerfallen in drei Hauptteile: die Hoch- und Niederdruck-Vorwärtsturbine und die Rückwartsturbine. Die Hochdruck-Vorwartsturbine setzt sich aus einer Anzahl von Curtisstufen, d. h. Druckstufen mit mehreren Geschwindigkeitsstufen zusammen. Das Gehäuse besteht meistens aus Stahlguß und ist in der Horizontalen geteilt. In Abb. 46 hat auch eine Teilung in der Vertikalen stattgefunden. Auf die Zwischenböden mit Düsenringen, ihren Labyrinthen und die Laufräder, ihre Befestigung und Beschaufelung trifft durchweg das für den Typ 3 Erläuterte zu. Das Schaufelmaterial ist ausnahmslos Bronze Die besonderen Konstruktionseinzelheiten sind gut aus Abb. 8 ersichtlich. Die Zwischenböden sind vielfach in der Horizontalen geteilt, durch Falz und Leiste gedichtet. Gewöhnlich ist das erste Curtisrad vierkranzig, um in den Eintrittsdüsen mit reichlichem Druckgefalle arbeiten und hohe Druck- und Temperaturbeanspruchungen vom Gehäuse fernhalten zu können. Das Druckgefalle geht gewöhnlich unter das kritische (bei Vollleistung), bedingt also konische Dusen. Die übrigen Stufen, durchweg dreikränzig, erhalten wegen geringeren Druckgefälles parallelwandige Leitapparate. Die Umkehrschaufelung jeder Druckstufe wird immer in gemeinsamen Bogenstücken untergebracht (Abb. 8). Die Hochdruckturbine arbeitet mit partieller und wachsender Beaufschlagung, d. h. sie wächst von Druck- zu Druckstufe und zwar so, daß das letzte Rad voll beaufschlagt ist. Alle Räder können dann, wenigstens bis auf das letzte, gleiche Schaufellängen erhalten (in Abb. 46 erkennbar). Häufig wird vor der Niederdrucktrommel noch ein Zwischenboden mit Düsen angeordnet und die zu dieser Druckstufe gehörigen drei Laufschaufelkränze auf die Trommel gesetzt.

Die Niederdruck-Vorwärtsturbine ist wie eine Parsonsturbine als Trommelturbine ausgeführt. Das Gehäuse besteht aus Gußeisen. Die stählerne

Trommel ist auf zwei Radscheiben aufgeschrumpft, von denen die vordere voll gehalten wird. Hierauf wirkt der niedriggespannte Dampf der letzten Hochdruck- bzw. der

Abb. 47. Rotor einer Brown-Curtis-Schiffsturbine. a Vorwärts-, b Rückwärtsturbine.

ersten Niederdruckstufe; er wirkt dem Vorwärtsschub der Schraube entgegen. Die Aufhebung desselben gelingt aber längst nicht so gut wie in der Parsonsturbine, da der Trommeldurchmesser zu groß ist und der Druck besonders bei höheren Leistungen zu hoch liegt. Bei Volleistung überwiegt der Dampf- den Schraubenschub durchweg fast um das Doppelte.

Die Beschaufelung der Trommel erfolgt im vorderen Teil durchweg nach dem Aktionsprinzip, d. h. mit parallelen Durchgängen, so daß der Dampf nur in den Leitschaufeln expandiert, welche hier als Düsen dienen. Die Zahl der Stufen ist infolgedessen, gleiche Schaufelgeschwindigkeit vorausgesetzt, bedeutend geringer als bei einem gleich starken Parsonsteil. Der nach dem Austrittsende liegende Trommelteil erhält gewöhnlich Parsonsbeschaufelung. Die Zahl der Kränze im Verhältnis zu den Aktionsstufen des vorderen Trommelteils wird je nach der Sonderansicht der Konstrukteure verschieden gewählt. Man findet z. B. nur zwei Parsonsstufen (die beiden letzten), anderseits ebensoviele wie Aktionsstufen. Die Firma Brown u. Co. in Clydebank hat in dieser Richtung umfangreiche Versuche angestellt, aber keine wirtschaftlichen Unterschiede festellen können. Wie in der Parsonsturbine sind durchweg immer eine Anzahl Schaufelkränze gleich groß gemacht, um die Konstruktion zu vereinfachen. Dazu wird entweder das Gehäuse stufenweise vergrößert, wie in Abb. 46, oder man macht das Gehäuse überall gleich weit und verringert stufenweise den Durchmesser der Trommel. In diesem Falle wird auf die Ringquerschnitte ein Dampfschub ausgeübt, der mit dem Schraubenschube dem Druck auf die Vorderseite der Trommel entgegenwirkt. Derartig ist die Trommel in Abb. 47 ausgeführt, wie aus dem gleichen äußeren Schaufelkreisdurchmesser hervorgeht.

Die in das Niederdruck-Vorwärtsgehäuse eingebaute R ü c k w ä r t s t u r b i n e wird gewöhnlich in einem für sich aus Stahlguß gefertigten und mit dem Niederdruckteil verschraubten Gehäuse untergebracht. In Abb. 47 ist sie mit verhältnismäßig vielen Stufen versehen, zwei fünfkränzigen Curtisrädern (die A.E.G. und andre deutsche Werke gehen über ein vierkränziges Rad nicht hinaus) und einem kurzen, mit Aktionsschaufeln besetzten Niederdruckteil. Sie leistet in diesem Falle auch über 60% der Vorwärtskraft, während man sich durchweg mit 30—50% begnügt und dann eine kurzere Turbine erhält. Auf Torpedofahrzeugen z. B. wird vielfach nur eine vierkränzige Curtisstufe vorgesehen, welche mit einem 6—8kränzigen Niederdruckteil gemeinsam auf einer kurzen Trommel sitzt. Der auf den Trommelboden wirkende Dampfdruck, d. h. der Enddruck der Einlaßdüsen, hebt den Ruckwartszug der Schaube auf. Zwischen Niederdruck-Vorwärts- und der Rückwärtsturbine befindet sich ein Ringraum als gemeinsamer Abdampfraum. Er wird an den großen Abdampfbogen angeschlossen.

Da die Welle durch die vielen Räder und die Trommel stark auf Biegung beansprucht wird, gibt man ihr verhältnismäßig großen Durchmesser und große Innenbohrung. Für jedes einzelne oder je zwei Laufräder ist die Welle abgestuft. Häufig werden des einfachen Zusammenbaues halber die Welle der Vorwärts- und Rückwärtsturbine für sich hergestellt und im Abdampfraum durch Flansch gekuppelt. Das Labyrinthspiel der nach der Mitte zu liegenden Zwischenböden wird einseitig nach unten etwas größer gehalten als derjenigen in der Nähe des vorderen Traglagers, und zwar mit Rücksicht auf die Wellendurchbiegung. Die radiale Rotoreinstellung bezieht sich in erster Linie auf das Labyrinthspiel der Zwischenböden.

Die Abdichtung der Welle erfolgt entweder durch Labyrinth oder durch Kohlestopfbüchsen, in andern Fällen durch Labyrinth und einen Kohlenring auf der äußeren

Seite (Abb. 63). Eine solche Kohlestopfbüchse besteht aus einem horizontal geteilten Bronzegehäuse, das mit Flansch am Turbinenboden befestigt wird. Es enthält ebensoviele Ringräume, wie Kohleringe vorhanden sind. Jeder Ring wird aus drei Gußeisensegmenten gebildet, welche durch Scharniere miteinander verbunden sind. Ein Stoß bleibt offen. Nachdem der Ring um die Welle gelegt ist, wird er im Stoß durch eine außen an Knaggen befestigte Spiralfeder zusammengehalten. Die ausgedrehten Segmentstücke werden mit nach innen vorstehender Graphitkohle ausgefüttert. Die Ringe sind seitlich gut abgerichtet und mit Schiebungslose in die Ringräume des Gehäuses eingepaßt, um Dampflässigkeit in diesen Teilen zu verhüten. Zum Aufpassen der Ringe auf den sauber geglätteten Wellenzapfen dient ein Kaliberring, der dem Inventar beigegeben wird. Er ist 0,05 mm stärker als die Welle in der Stopfbüchse. Die erst mit Feile bearbeitete Kohle wird zuletzt mit Schaber gut aufgepaßt, so daß der Ring, ohne daß der durch die Spiralfeder geschlossene Stoß sich öffnet, saugend auf den Kaliberring hinaufgeht. Da die Ringe ein erhebliches Gewicht besitzen und die Ringräume im Gehäuse im Durchmesser größer gehalten sind, um den Ringen radial freie Bewegung zu gestatten, wurden sie auf der Welle hängen und die Schließfedern nachgeben. Dadurch würden sich die Stöße öffnen und die Stopfbuchse undicht werden. Um das zu vermeiden, ist am unteren Segmentstück eine Blattfeder angebracht, die sich gegen das Gehäuse lehnt und den Ring etwa mit derselben Kraft nach oben drückt, den sein Gewicht darstellt. Die Halteschraube der Blattfeder faßt mit ihrem Kopf in eine entsprechende Bohrung des Gehäuses und verhütet ein Drehen des Ringes. Bei andern Ausführungen werden mehrteilige Kohlenringe, die auf der Rückenseite eine eingedrehte Nute besitzen, durch eine ganz herumgelegte Spiralfeder zusammengehalten. Gewöhnlich kommen 4—8 Kohlenringe zur Verwendung. Zwischen den mittleren befindet sich im Gehäuse ein Ringkanal; diese Kanäle der beiden Stopfbüchsen werden miteinander verbunden und diese Verbindungsleitung einmal an eine nach der Niederdruckturbine oder dem Kondensator führende automatische und mechanische Absaugung angeschlossen, ferner an eine Sperrdampfleitung. Nach außen finden die Stopfbüchsen durch einen Dampfschirm mit nach oben auslaufendem kurzen Schornstein ihren Abschluß, an dem die Dampfvrasen zu erkennen sind.

Während das Labyrinth infolge des notwendigen Spieles direkt eine „lecke" Stopfbüchse darstellt, d. h. sehr dampf- bzw. luftlässig ist, besitzt die Kohlestopfbüchse ihm gegenüber bei sorgfältiger Bearbeitung und Behandlung entschiedene Vorzüge. Sie kann nämlich fast dampfdicht gemacht werden. Dazu muß in erster Linie die Welle sauber und glatt erhalten werden, was dadurch gelingt, daß nach jeder Fahrt unter Abstellen des Sperrdampfes Zylinderöl in den Schornstein gegeben wird. Bei langsamem Drehen der Turbine bezieht das Oel einmal den Wellenzapfen und konserviert ihn, dringt aber auch andrerseits in die Poren der Kohle und macht den Verschleiß sehr gering. Weiter werden die gußeisernen Ringe mit ihren Seitenflächen im Gehäuse gut gangbar erhalten, so daß sie bei nicht genau zentrisch laufendem Wellenzapfen jeder geringsten Bewegung willig folgen, ohne daß durch Ueberwindung der Kraft der Schließfeder der Stoß sich öffnet. Die Bearbeitung zu dampflässig gewordener Ringe erfolgt durch Befeilen der Flächen des Stoßes, wodurch der Ring kleiner wird und nachfolgendes Aufpassen auf den Kaliberring. Zu stark verschlissene Kohlestücke werden ersetzt und der neu ausgefütterte Ring etwa 0,2 mm unter Kaliberstärke ausgedreht, das übrige mit Feile und Schaber besorgt.

Wegen der Schwere des Rotors erhalten die Traglager großer Turbinen Innenkühlung, die durch hohlgegossene Ober- und Unterschalen erfolgt.

Als Drucklager kommt meistens kein Kammlager, sondern eine Spezialkonstruktion zur Verwendung, die sich hervorragend bewährt hat. Die Druckringe sind nicht hufeisenförmig gehalten, sondern als Vollringe ausgeführt. Infolgedessen müssen auch die Kammringe auf der Welle gesondert hergestellt werden (Abb. 63). Jeder derselben besteht aus einem Stahlring mit Hülsenansatz, ist von vorn auf die Welle geschoben und durch Keile gehalten. Der innere Ring legt sich gegen einen Ansatz der Welle. Vor den vordersten Ring wird eine kräftige Scheibe gelegt und die Ringe durch eine auf Gewinde des Wellenendes vorgezogene Mutter gegeneinandergepreßt. Die Hülsenansätze der Ringe stellen der Abstand dar, der von den Druckringen ausgefüllt wird. Das Einpaßspiel beträgt 0,1—0,25 mm, je nach Größe der Turbinen. Die Druckringe bestehen durchweg aus Stahlguß und sind in den Laufflächen mit Weißmetall ausgegossen. Mit seitlichen Lappen fassen sie über zwei kräftige Stellspindeln. Auf diesen kann ihre Lage durch beiderseits gegen die Lapp n geschraubte Muttern genau eingestellt werden.

Die Montage eines solchen Lagers gestaltet sich folgendermaßen: den hintersten Kammring aufkeilen, auf jede Metallspindel eine Mutter, hintersten Druckring aufschieben, von vorn Stellmuttern dagegen (aber noch nicht anziehen); zweiten Kammring aufkeilen, zwei Stellmuttern für den zweiten Druckring aufziehen, Druckring aufschieben, Stellmuttern dagegen usw. Zum Schluß, nach dem vordersten Druckring eine starke Scheibe (die vielfach als vorderster Kammring dient) aufziehen, Mutter vor. Die Bestimmung der Rotorlage wird durch Festsetzen eines Druckringes ausgeführt. Letzterer wird so eingestellt, daß seine vordere Lauffläche gegenliegt und dann eine gegen Vorkante Drucklagertrog gelegte, beigegebene Schablone gerade Anlage an Vorkante Welle erreicht oder eine Mikrometerschraube an der Vorderseite des Drucklagerkörpers, die zur fortlaufenden Kontrolle der Rotorlage dient, gegen den vorderen Kammring gedrückt, das im Lagerbuch verzeichnete Grundmaß anzeigt. Entsprechend folgt dann das Festsetzen der anderen Druckringe.

Die Bohrung, mit der die vollen Druckringe die Hülsenansätze der Kammringe umfassen, besitzt etwa 1 mm Spielraum. In diesen Ringraum wird von oben durch den Druckring Turbinenöl gepumpt (meistens mit 1—2 kg Druck). Es quetscht sich von hier aus zwischen die gehärteten Flächen der stählernen Kammringe und die Weißmetallflächen der Druckringe und bewirkt eine intensive Schmierung. Dieselbe wird dadurch äußerst wirksam gemacht, daß in die stählernen Laufflächen der gehärteten Kammringe gerade Nuten gefräst sind, die, von der Innenkante ausgehend, nicht radial, sondern schräge nach der Außenkante verlaufen und hier mit ganz geringer Ausflußöffnung (0,1—0,5 mm Breite) münden. Die Weißmetallflächen der Druckringe erhalten keine Nuten! Die Wärmeabführung, durch Innenkühlung der hohlen Stahlgußkörper der Druckringe unterstützt, ist eine derartige, daß z. B. bei Versuchen an einer 9000 PS-Turbine ein einziger, zum Tragen gebrachter Ring einer einstündigen Forcierung bei 9 Tons Schubbelastung ohne Schaden standgehalten hat. Bei sachgemäßer Wartung, sorgfältige Montage vorausgesetzt, zeigen solche Lager selbst in mehrjährigem Betriebe einen kaum meßbaren Verschleiß. Die Feststellung des Druckringspieles erfolgt durch Spion. Erreicht das Spiel die zulässige Grenze, dann kann durch entsprechendes Abschleifen der Kammringhülsen das richtige Spiel wiederhergestellt werden. Ein dem Gesamtabschliff entsprechender Scheibenring, vor den vordersten Kammring gesetzt, bringt die große Mutter auf richtige Splintstellung. Zu starker Verschleiß des Weißmetalls bedingt Neuausguß der Druckringe.

Der Schnellschlußregler wird gewöhnlich auf das äußerste Wellenende, vor das Drucklager gesetzt

Die Entwässerungsleitungen, fur die Hochdruck-, Niederdruck- und Ruckwärts turbine je eine, mit Hähnen, die sämtlich vom Maschinistenstand aus bedienbar sind, münden gewöhnlich in einem Sammeltopf. Von hier kann das Kondenswasser entweder durch die Luftpumpe abgesaugt oder mittels eines Dampfanschlusses nach dem Kondensator gedrückt werden. Dazu sind die Entwässerungsleitungen mit Rückschlagklappen versehen, damit das Kondensat nicht in die Turbine zurückgelangt.

Die Füße zur Befestigung der Turbine im Schiff sitzen meistens am Gehäuse (Abb. 24).

Wird die Turbine geteilt und beide Teile auf eine Welle gesetzt, dann werden sie meistens durch eine lose Kupplung verbunden, damit das Spiel einer jeden fur sich eingestellt werden kann. Jede erhält dann ihr eigenes Drucklager, die vordere (Hochdruck) weniger Ringe (vielleicht nur zwei), weil das Lager infolge des Gleichdruckes vor und hinter den Rädern nur wenig Belastung aufzunehmen hat. Die lose Kupplung (aus Abb. 24 ersichtlich) ist folgendermaßen ausgestaltet: In den Flansch der vorderen Turbinenwelle sind mit Konus Bolzen eingesetzt und durch Muttern gehalten. Das nach hinten herausragende freie Ende der Bolzen ist zylindrisch abgedreht und paßt gerade mit Schiebungslose in die entsprechende Bohrung des Flansches der angeschlossenen Niederdruckturbinenwelle. Die Wellen konnen sich also gegeneinander verschieben. Für eine gute Schmierung der Bolzen ist zu sorgen, um ein Fressen zu verhüten.

Leistungsänderungen werden unter Anstrebung möglichst hohen Düsendruckes in den Eintrittsorganen durch Zu- und Abschalten von Düsengruppen erzielt. Meistens findet man Kolbenabsperrventile, welche nacheinander Kanäle öffnen bzw. schließen. Jeder der Kanäle ist mit mehreren Düsen verbunden, so daß es gelingt, hohen Düsendruck bei allen Leistungen aufrechtzuerhalten.

X. Abschnitt.

Andere Aktionsturbinen.

§ 42.

Die Zoelly-Turbine.

Die stationäre Zoelly-Turbine der Maschinenfabrik Escher Wyß u. Co. in Zürich unterscheidet sich von der A.E.G.-Turbine grundsätzlich nur dadurch, daß sie für alle Leistungen die reine Druckabstufung verwendet (Abb. 48). Die Turbine besitzt infolgedessen mehr Stufen als die Konstruktion der A E G Der erste Teil erhalt teilweise und wachsende Beaufschlagung, die ubrigen Stufen volle Um im Niederdruckteile der bei voller Beaufschlagung stark wachsende Schaufellange erhalten mußte, diese einzuschränken, erhalten die Rader hier vergrößerten Durchmesser. Da jede Geschwindigkeitsabstufung fehlt, ist der Eintrittsdruck hoher als in der A E.G.-Turbine. Das Hochdruckgehäuse muß infolgedessen kraftiger ausfallen Die Turbine hat sich fur die Verwendung hoch uberhitzten Dampfes sehr geeignet erwiesen Sie unterscheidet sich von dem deutschen Erzeugnis noch durch Konstruktionseinzelheiten, von denen die Art der Beschaufelung besonders hervorgehoben sein moge. Die Schaufelfuße erhalten die in Abb. 19 rechts wiedergegebene T-Form und werden seitlich gegen die

Abb. 48. Gehauseunterteil einer Zoellyturbine mit Zwischenbäden.

entsprechend einseitig angedrehte Peripherie des Rades gesetzt Von der andern Seite werden die Schaufeln durch einen der andern Fußhalfte entsprechend ausgedrehten Ring gehalten, der seitlich (auf der Schaufelseite) mit dem Rade verschraubt wird. Es bedarf also nur der Abnahme dieses Ringes, um alle Schaufeln und Zwischenstucke ungehindert entfernen zu können; eine wesentliche Erleichterung bei Neubeschaufelung. Für Kriegsfahrzeuge erbaute Zoelly-Turbinen zeigen einen der A.E.G-Turbine sehr ähnlichen Aufbau, da hier ebenfalls neben der Druck- die Geschwindigkeitsabstufung im Hochdruckteil und eine durchgehends mit Aktionsbeschaufelung besetzte Niederdrucktrommel angewendet wird.

Die französische Rateau-Turbine stimmt im Prinzip mit der Zoelly-Turbine überein. Charakteristisch ist die Schaufelbefestigung. Die Räder haben keine Nuten, sondern die nickelstählernen Schaufeln greifen mit gegabeltem Fuß über die Peripherie und werden auf dem Rade mit einem Niet gehalten, das durch Gabelung und Rad gezogen ist.

§ 43.

Die Curtisturbine.

Diese amerikanische Bauart, deren Grundzüge für die A.E.G.-Turbine nutzbar gemacht wurden, wird im stationären Betriebe meistens vertikal angeordnet, d. h. mit senkrecht stehender Welle. In diesem Falle wird eine besondere Spurlagerung für sie erforderlich. Nachdem anfangs meist zweikränzige Druckstufen gebräuchlich waren, ist man, abgesehen von der ersten Stufe, in den andern zur reinen Druckabstufung übergegangen, um die Wirtschaftlichkeit zu steigern. Die Turbine hat in vertikaler Anordnung Einzelleistungen bis zu 60 000 PS aufzuweisen.

Während fur Curtis-Schiffsturbinen früher ausschließlich Curtisräder zur Verwendung gelangten, die aber andern Systemen und besonders der Kolbenmaschine gegenüber nicht konkurrenzfähig waren, hat man den Niederdruckteil durch eine Trommel mit reiner Druckabstufung ersetzt.

§ 44.

Die Elektraturbine.

Einen von den bisher besprochenen Turbinen vollkommen abweichenden Aufbau zeigt die von der Gesellschaft für elektrische Industrie in Karlsruhe hergestellte und von ihrem Ingenieur Kolb entworfene Elektra-Turbine. Sie hat infolge ihres sehr einfachen Aufbaues, ihrer geringen Platz- und Gewichtsbeanspruchung und ihrer großen Betriebssicherheit überall da große Verbreitung gefunden, wo mäßige Leistungen (bis 1000 PS) verlangt werden.

Die Elektra-Turbine ist eine Radialturbine; die bisher beschriebenen Maschinen waren bis auf die Stalturbine sämtlich Achsialturbinen, d. h. solche, in denen der Dampf die Schaufelung in der Richtung der Turbinenachse passiert. In der Radialturbine dagegen strömt der Dampf entweder von der Peripherie nach der Welle zu oder umgekehrt, also in der Richtung der Radradien. Dementsprechend sitzen die Schaufeln nicht auf der Peripherie in radialer Anordnung, sondern seitlich am Rande parallel zur Welle (Abb. 49).

Die Elektra-Turbine wird mit einer oder auch zwei Druckstufen gebaut und in letzterem Falle mit Kompoundmaschine bezeichnet. Die Turbine mit einer Druckstufe zeigt folgenden Aufbau: In dem kurzen, vertikal geteilten Gußeisengehäuse ist auf die durchgehende Welle ein Stahlrad gekeilt und durch Mutter gehalten. Auf einer Seite sitzen die bronzenen Schaufeln des einzigen Schaufelkranzes. Die Schaufelfüße sind so gestaltet, daß sie, nacheinander an die Radperipherie gelegt, einen geschlossenen Ring bilden. Zwischenstücke kommen daher in Fortfall. Ueber einen auf der Radperipherie stehengebliebenen Ansatz fassen sie mit entsprechender Kehlung (Abb. 49). Ueber die angesetzten Füße wird ein Schrumpfring aus Nickelstahl gezogen und damit alle Schaufeln festgesetzt. Die eigentlichen Schaufeln sind nach Schablonen gefraßt. Die Kopfenden werden in den entsprechend gestanzten Löchern eines stählernen Bandageringes vernietet.

Der durch eine Lavaldüse eintretende Dampf expandiert hier um das volle Gefalle auf den Kondensatordruck. Die Düse beaufschlagt nur einige Schaufeln. Sie entziehen dem Strahl das Doppelte ihrer Geschwindigkeit. Mit der Restgeschwindigkeit wird der Dampf auf der Innenseite der Schaufeln von einem in ein Bronzestück gefrästen Umleitkanal (Abb. 49, 6) aufgefangen, der innen mit dem Gehäuse verschraubt ist. Dieser Leitapparat entspricht den Leitschaufeln der Achsialturbine. Seine Tiefe entspricht der Schaufellänge wie bei der Eintrittsdüse. In der Achsialturbine

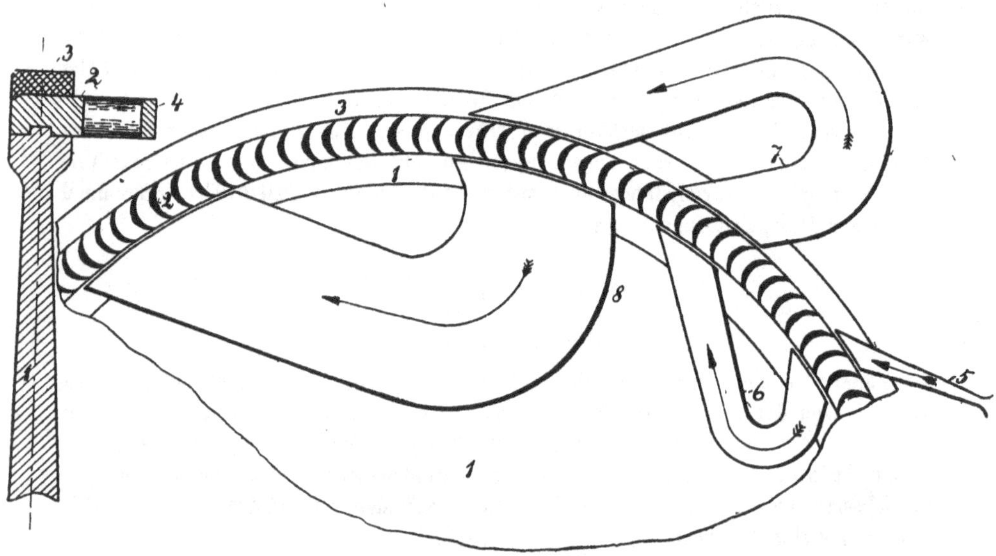

Abb. 49. Elektraturbine.
1 Schaufelrad, 2 Schaufeln, 3 Schrumpfring, 4 Bandagenring, 5 Eintrittsdüse, 6 erster, 7 zweiter, 8 dritter Leitkanal.

mußte in e i n e r Druckstufe mit mehreren Geschwindigkeitsstufen die Schaufellänge von Stufe zu Stufe wachsen, um (nach § 14) in der Zeiteinheit das gleiche Dampfgewicht durch jeden Schaufelkranz zu bringen. Der Strahl behielt seine Breite (in der Elektra-Turbine die Tiefe) bei und wurde in der Höhe vergrößert (hier in der Breite). Da die Tiefe wegen gleicher Schaufellänge in der Elektra-Turbine die gleiche bleiben muß, erfährt der Leitkanal eine Verbreiterung und beaufschlagt infolgedessen mehr Schaufeln als die Einlaßdüse. Diese Schaufeln bilden also die zweite Geschwindigkeitsstufe. Für die Zahl der die dritte Geschwindigkeitsstufe darstellenden Schaufeln ist die Breite des den Dampf weiterleitenden, außen liegenden, zweiten Leitkanals (Abb. 49, 7) maßgebend. Ihm folgt für die vierte Geschwindigkeitsstufe ein dritter, wieder innen liegender Leitkanal (Abb. 49, 8). Da gewöhnlich zwei Eintrittsdüsen vorhanden sind, die sich diametral gegenuberliegen, gehören auch zwei solcher Leitsysteme dazu. Das außen am Gehäuse befestigte und durch einen Achsenregulator beeinflußte Regulierventil ist entweder an einen ins Gehäuse gegossenen Ringkanal angeschlossen, mit dem die Einlâßdüsen in Verbindung stehen, oder vom Ventil führt ein Rohr zu beiden Düsen. Das Gehäuseinnere steht unter Kondensatorspannung.

Die Verbundturbine besitzt zwei Druckstufen. Ihr Gehäuse ist durch eine Scheidewand in zwei Räume geteilt. In jedem Raum sitzt auf der durchgehenden Welle ein Rad vorbeschriebener Art. In der Durchgangsstelle durch die Scheidewand ist die Welle mit Labyrinth gedichtet. In der Scheidewand befindet sich ein eingegossener Kanal, der den vom ersten Rad verarbeiteten Dampf den Düsen für das zweite Rad zuführt. Im Gehäuse des letzteren herrscht Kondensatorspannung. Jede Druckstufe erhält nur drei Geschwindigkeitsstufen. Um die Breite der Leitapparate in der zweiten Stufe zu beschränken, erhält das Niederdruckrad längere Schaufeln als das erste, das Hochdruckrad.

Die Lager arbeiten mit Ringschmierung.

IV. Teil.

XI. Abschnitt.

Gemischte Turbinensysteme.

§ 45.

Allgemeines.

Ueber die Wirtschaftlichkeit der Reaktionsturbine (System Parsons) und der Aktionsturbine (fast alle Systeme) sind schon sehr viele Vergleiche angestellt worden, die wesentliche Unterschiede nicht ergeben haben. Sowohl in stationären wie in Schiffsanlagen sind viele Versuche unternommen; während das einemal ein Vorteil zugunsten des einen Systems herausgerechnet werden konnte, ergab sich das nächstemal das Gegenteil.

Die Vertreter der Aktionsturbine machen fur ihr System mehr oder weniger die Gründe geltend, welche in § 37 für die Konstruktion der A.E.G.-Turbine angeführt sind. Dagegen behaupten die Verfechter der Reaktionsturbine, daß durch Anwendung dieses Systems bei der großen Stufenzahl niedrige Schaufelgeschwindigkeit angewendet und eine hervorragende Lebensdauer des Schaufelmaterials erreicht wird. Das soll bei der Aktionsturbine angesichts der großen Strahlgeschwindigkeit nicht der Fall sein.

Allerdings hat die große Dampfgeschwindigkeit anfangs Schwierigkeiten gemacht, doch müssen sie als überwunden gelten, da das Schaufelmaterial wesentliche Verbesserungen erfahren hat. Beispielsweise ist durch eingehende Untersuchungen an großen Aggregaten der mit sehr hohen Strahlgeschwindigkeiten arbeitenden A.E.G.-Turbine festgestellt worden, daß nach 25 000 Betriebsstunden wohl ein Verschleiß der Schaufeln in den ersten Stufen nachzuweisen war, dagegen nicht die geringste Aenderung des Dampfverbrauches! Weiter ist zu berücksichtigen, daß die Neubeschaufelung so weniger Stufen in kürzester Zeit ausführbar ist.

Man kann heute sagen, daß es über die Vorzüge des einen oder andern Systems ebensoviele Ansichten gibt wie Turbinenkonstruktionen — und solche sind fast ebensoviele vorhanden wie Fabriken, die sich mit Turbinenbau befassen.

Ueber einen Punkt dürfte hinlänglich Klarheit heschaffen sein, daß nämlich das Aktionsprinzip im Hochdruckteil vorteilhafter ist, als das Reaktionsprinzip. Den Hochdruckteil nach letzterem auszugestalten macht Schwierigkeiten, auf die in § 25 hingewiesen ist. In der stationären Parsonsturbine kann der Trommeldurchmesser hinreichend klein gewählt werden, bedingt aber zur Begrenzung der

Umgangszahl eine erhebliche Zahl von Stufen. Dagegen kann das Hochdruckaktionsrad einen Durchmesser erhalten, der sich bis an die Grenze der nötigen Betriebssicherheit rucken läßt, weil einmal durch die Anpassung von Dusen- und Schaufelhöhe bei Gleichdruck Spaltverlust nicht auftritt und andrerseits die Schaufelhöhe durch entsprechende Bemessung der Beaufschlagung beliebig gewählt werden kann. Wie stark sich die Stufenzahl einer Parsonsturbine einschränken läßt, wenn der Hochdruckteil durch ein Curtisrad ersetzt wird, möge folgendes Beispiel zeigen

Beispiel: Eine Dynamoturbine System Parsons hat im Hochdruckteil 300 mm Durchmesser. Derselbe soll durch ein zweikranziges Curtisrad von 1 m Durchmesser ersetzt werden. Wieviele Parsonsstufen ersetzt das Rad?

Das zweikränzige Aktionsrad leistet dieselbe Arbeit wie 2 . 2 = 4 reine Druckstufen mit Aktionsbeschaufelung oder 4 . 2 = 8 Parsonsstufen, den gleichen Durchmesser vorausgesetzt. Da dieser aber nur 300 mm in der ausgeführten Turbine beträgt, die 8 Stufen aber auf einen Trommeldurchmesser von 1 m, d. h. das $3\frac{1}{3}$fache bezogen sind, muß bei der erheblichen Verringerung desselben zur Erzielung gleicher Schaufelgeschwindigkeit die Stufenzahl auf

$$3\tfrac{1}{3} \cdot 8 = \backsim 27 \text{ wachsen!}$$

Das zweikränzige Curtisrad ersetzt also 27 Reaktionsstufen und gestattet eine Dampfausnutzung, welche keinesfalls schlechter, wohl aber infolge des fehlenden Spaltverlustes besser ist als die der Parsonskränze. Hieran ändert der Ventilationsverlust wenig, den die nicht beaufschlagten Schaufeln in dem sie umgebenden Dampf verursachen

Beispiel: In § 25 war die Zahl der Stufen in der Hochdruckturbine des Schnelldampfers „Mauretania" mit 123 angegeben. Wie stark hatte sich diese Zahl einschränken lassen durch Vorschaltung eines vierkranzigen Curtisrades von 3 m Durchmesser (die Trommel hat 2,44 m)?

Das Rad mit den vier Geschwindigkeitsstufen ersetzt 4 . 4 . 2 = 32 Parsonsstufen von gleichem Durchmesser. Da derjenige der Trommel nur 2,44 m beträgt, so tritt das Curtisrad an die Stelle von

$$\frac{32 \cdot 3}{2{,}44} = \backsim 39 \text{ Stufen}$$

Daß diejenigen recht haben, welche dem Aktionsprinzip im Hochdruckteile den Vorzug geben, darf aus dem Umstande geschlossen werden, daß viele Fabriken, welche jahrelang an der Parsonsbeschaufelung festgehalten, ihre Bauweise in dem angegebenen Sinne änderten. Davon ist das Parsonsturbinenwerk selbst nicht auszunehmen.

Dagegen durfte feststehen, daß das Aktionsprinzip im Mittel- und Niederdruckteile keine Ueberlegenheit zeigt, bei Geschwindigkeitsabstufung sogar Nachteile. Die reine Druckabstufung in Gestalt der Trommelturbine als Niederdruckteil bei Schiffsmaschinen hat nach eingehenden Versuchen der Firma Brown u. Co. in Clydebank, die sich direkt durch die Praxis fur ein bestimmtes System entscheiden wollte, nach keiner Seite Unterschiede gegen das Parsonsprinzip ergeben. Da aber das Gleichdrucksystem eine Verringerung der Stufen gestattet, hat sich die Firma fur dieses System entschieden (im Hochdruckteil Curtisräder, Abb 47) und damit solche Erfolge erzielt, daß eine große Zahl von Schiffen der englischen Kriegsflotte bis hinauf zum stärksten Panzerkreuzer mit 100 000 und mehr PS mit diesem Turbinentyp ausgerüstet ist.

Die überwiegende Zahl der Hersteller von Parsonsturbinen hält an der Reaktionsbeschaufelung im Mittel- und Niederdruckteile fest und ersetzt nur den Hochdruckteil durch Aktion. So ist die gemischte Turbine entstanden, die in stationären, besonders aber in Schiffsbetrieben eine weite Verbreitung gefunden hat.

§ 46.

Die Melms- und Pfenniger-Turbine.

Die Firma Melms und Pfenniger in München-Hirschau war eine der ersten, welche von vornherein den Bau der gemischten Turbine betrieb, und zwar mit großem Erfolg. Sie bringt verschiedene Konstruktionen heraus, die nur wenig voneinander abweichen.

Die eine Bauart besteht aus einer reinen Trommelturbine mit drei verschiedenen Trommeldurchmessern. Der des Hochdruck- und des Niederdruckteiles sind annähernd gleichgroß, während der des Mitteldruckteiles bedeutend kleiner ist. Der aus dem Hochdruckteil kommende Dampf drückt mit verhältnismäßig hoher Spannung gegen einen Ringquerschnitt: Querschnitt des Hochdruck- minus dem des Mitteldruckteiles entgegengesetzt zum Dampfstrom, der Schubwirkung auf den mit Reaktionsbeschaufelung besetzten Mitteldruckteil ausübt. Der Ringquerschnitt und Dampfdruck reichen aber auch noch aus, um den weiter auf den Ringquerschnitt: Niederdruck- minus Mitteldruckteil mit mäßiger Spannung ausgeübten Zug und den Reaktionsschaufelschub des Niederdruckteiles aufzuheben. Der Schubausgleich wird so bemessen, daß Druckausgleichkolben in Fortfall kommen können bis auf einen auf der Hochdruckseite, einen Dummykolben, der das vordere Trommelende gegen den Hochdruckteil abschließt.

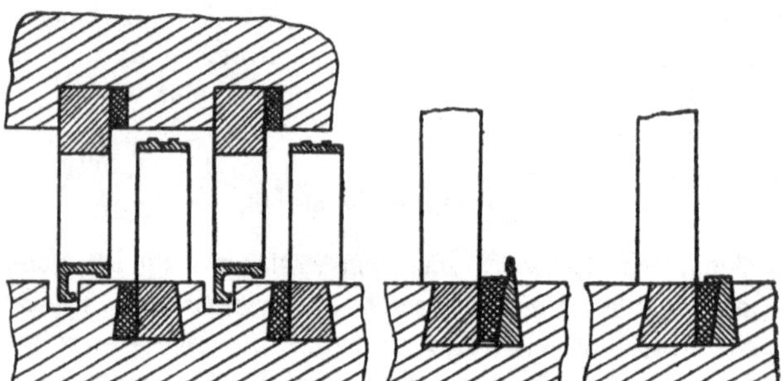

Abb. 50. Beschaufelung der Melms-Pfenniger-Turbine
a Aktionsteil, b Reaktionsteil.

Der Hochdruckteil ist mit Aktionsbeschaufelung in reiner Druckabstufung besetzt. Alle Kränze haben gleich lange Schaufeln. Infolgedessen arbeiten die Stufen mit teilweiser und wachsender Beaufschlagung. Die Beschaufelung dieses Teiles hat eine bemerkenswerte Ausgestaltung erfahren. Die bei Verwendung von Heißdampf meistens aus Nickelstahl gefertigten Schaufeln werden in die Querschlitze von Ringsegmenten und diese wieder in die Nuten der Trommel gesetzt (Abb. 50). Der Ringquerschnitt füllt die Nute nicht ganz aus; das geschieht durch einen gleichzeitig mit dem Schaufelring eingesetzten Stemmring aus weicher Bronze. Durch Verstemmen desselben wird der Schaufelring in der Nute festgeklemmt. Aehnlich ist die Leitschaufelung ausgeführt, nur hat man die Nute nicht schwalbenschwanzförmig ausgedreht wie die einen kräftigen Halt erfordernde Laufschaufelung, sondern sie erhält rechteckigen Querschnitt. Die bronzene Reaktionsbeschaufelung des laufenden Teiles ist in ebensolche stählernen Ringsegmente gesetzt, wie die des Aktionsteiles, aber mit dem Unterschied, daß zwei Ringe den übrigen Teil der Nute ausfüllen, ein sich an den Schaufelring lehnender bronzener Stemmring und ein sich daran schließender weicher, stählerner „Schlüsselring". Dieser ragt mit einer schmalen Kante über die Nute hinaus. Nach dem Einstemmen des Bronzeringes wird die schmale Kante gekröpft und über letzteren geholt, womit die Schaufelung gesichert ist.

Wie schon gesagt, arbeitet der Hochdruckteil mit wachsender Beaufschlagung. Es werden also Leitschaufeln nicht am ganzen Umfang angeordnet; vielmehr sind die Halteringe für die Leitschaufeln da, wo sie nicht mit solchen besetzt werden, in Höhe der Schaufeln voll gehalten und sperren deshalb an diesen Stellen den Dampfdurchgang.

Der Mitteldruckteil ist mit Reaktionsbeschaufelung besetzt und hat verkleinerten Durchmesser erhalten einmal, um eine Gegenschubfläche zur Ersparung von Entlastungskolben zu gewinnen (siehe oben) und andrerseits, um lange Schaufeln zu erhalten und den Spaltverlust einzuschränken Dagegen ist der Niederdurckteil, ebenfalls nach Parsons' Prinzip beschaufelt, im Durchmesser wieder größer gehalten, um mit der fortschreitenden Expansion die Schaufellänge zu beschränken.

Während in der Aktionsturbine mit Rädern nur der Wellendurchgang gegen die Bohrung im Zwischenboden abzudichten ist (durch halbes Labyrinth), hat das in der Melms- und Pfenniger-Turbine gegen den ganzen Trommelumfang zu geschehen, dessen Ringspalt infolge des großen Durchmessers sehr lang ist Da der ganze Zwischenboden gewissermaßen bis an die in der Peripherie sitzenden Düsen fortfällt, an deren Stelle hier die Leitschaufeln treten, müssen diese gegen den laufenden Teil möglichst gut gedichtet werden. Dasselbe hätte z B auch in der Niederdrucktrommel der A E.G.-Schiffsturbine zu geschehen, ist hier aber nicht nötig, da wegen der niedrigen Spannung des Dampfes die Schaufeln lang und die Gefälle von Stufe zu Stufe sehr gering sind. Anders bei Melms und Pfenniger, wo es sich um Hochdruckstufen, größeres Druckgefälle und kleine Schaufeln handelt. Eine besondere Dichtung ist hier deshalb geboten. Wie Abb. 50 zeigt, erhält die Schaufelbandage, welche fortlaufend auch mit den nicht beschaufelten, vollen Teilen der Leitschaufelringe vernietet ist, einen erhöhten Ansatz, der ähnlich wie die Dummyringe in der untersten Ausführung der Abb. 21, in achsialer Richtung gegen die Seite einer in die Trommel gedrehten Nute dichtet. Auf die möglichst genaue Einstellung dieses Spieles durch das Kammlager ist großes Gewicht zu legen, um Energieverluste zu vermeiden.

Bei einer anderen Bauart der Melms- und Pfenniger-Turbine für kleinere Leistungen bis etwa 750 PS werden die Aktionsdruckstufen des Hochdruckteiles durch ein zwei- oder dreikränziges Curtisrad ersetzt. Die den vorderen Trommelboden bildende Scheibe, Dummykolben und das Curtisrad werden aus einem Stück gefertigt und mit einem

Flansch der Trommel vernietet. Das Rad erhält reichlich den doppelten Durchmesser der hier nicht abgestuften Trommel. Der Dummykolben muß daher größer ausfallen als diese, um den Schaufelschub aufzuheben. Infolge seines großen Durchmessers ersetzt das Curtisrad eine große Zahl einfacher, sonst auf der Trommel montierter Druckstufen.

Angenommen, ein dreikränziges Rad habe an Stelle des mit reinen Druckstufen besetzten Hochdruckteiles der ersten Bauart zu treten, dann ersetzt dasselbe 3 . 3 . 2 = 18 Druckstufen, wenn es den doppelten Durchmesser besitzt!

§ 47.

Andre gemischte Turbinensysteme.

In ähnlicher Weise wie die zuletzt beschriebene Bauart der Melms- und Pfenniger-Turbine fuhrt die Firma Brown und Boveri in Mannheim die gemischte Turbine aus. Sie beschränkt sich bei schnellaufenden Turbinen auf die Vorschaltung eines oder zweier zweikränziger Curtisräder vor den Parsonsteil. Zu diesem System sind auch viele ausländische Firmen übergegangen.

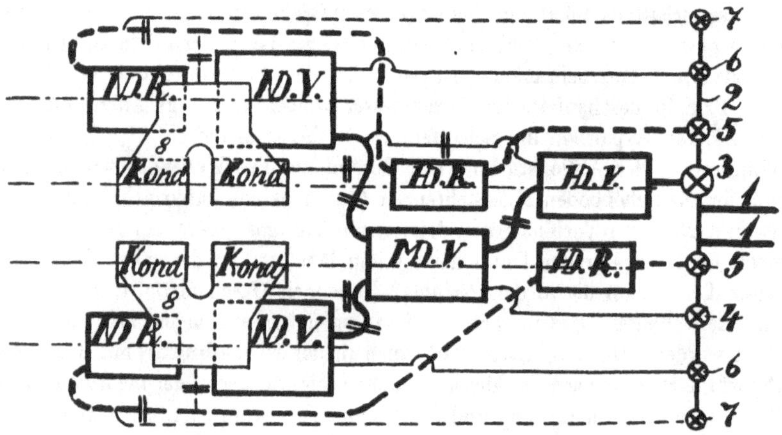

Abb. 51. Maschinenanlage der Imperatorklasse.
1 Zudampfleitungen von den Kesseln, 2 Dampfverteilungsleitung, 3 Zudampf für Hochdruck-, 4 für Mitteldruck-Vorwärtsturbine, 5 Zudampf für die Hochdruck-Rückwärtsturbinen, 6 Zudampf für die Niederdruck-Vorwärtsturbinen, 8 Abdampfbögen, || Sperrschieber.

Kriegsschiffe mit direktem Schraubenantrieb erhalten in überwiegender Zahl gemischte Turbinen. Auf Handelsschiffen mit reiner Parsonsbauart behält man diese in England jetzt nur noch für den Vorwärtsgang bei; dagegen schaltet man den Rückwärtsturbinen (wie auf dem Allan-Liner „Alsatian", den Canadic-Pacific-Dampfern „Empreß of Asia", „Empreß of Russia", 18 000 t, 22 000 PS usw.) ein drei- oder vierkränziges Curtisrad vor, um die Rückwärtsleistung bei gleichbleibender Baulänge von

40 auf 60% der Vorwärtskraft zu steigern, ohne einer Unterbringung in einem besonderen Gehäuse zu bedürfen.

Die in Abb. 51 schematisch wiedergegebene Maschinenanlage des bekannten Riesendampfers „Imperator“ der Hamburg-Amerika-Linie, im ganzen nach dem Parsonssystem erbaut, besitzt gemischtes System. Hochdruck- und Mitteldruck-Vorwärts-, sowie den Hochdruck-Ruckwärtsturbinen ist ein mehrkränziges Curtisrad vorgeschaltet, Hochdruck-Vorwärts- und Rückwärts ein dreikränziges, Mitteldruck-Vorwärts ein vierkränziges Rad. Letzteres wird bei voller Vorwartsleistung nicht belastet, da der Abdampf der Hochdruckturbine nur dem Parsonsteil der Mitteldruckmaschine zugefuhrt wird. Dagegen tritt es durch direkte Frischdampfzuführung in Tätigkeit, wenn die Dampferzeugung so reichlich ist, daß die Anlage „uberlastet“ werden kann, andrerseits bei Manovern oder Havarie der Hochdruckturbine. In diesem Falle werden die Backbord- von den Steuerbordwellen dadurch getrennt, daß man einen in die Abdampfleitung der Hochdruckmaschine geschalteten, vom Maschinistenstande aus bedienbaren, hydraulisch bewegten Schieber schließt, ebenso einen in der Leitung von der Mitteldruck- zur Backbord-Niederdruckturbine und der Mitteldruckmaschine direkten Dampf zufuhrt. Durch Oeffnen eines Schiebers in einer Verbindungsleitung zwischen Hochdruck- und Backbord-Niederdruckmaschine werden die Wellen dieser Schiffsseite ebenso wie die der andern fur sich manövrierfahig. Jede Seite arbeitet fur sich nach gemischtem System. Da jede einzelne Turbine Frischdampfanschluß besitzt und jede einzelne Ueberstromleitung nach einer niederen Stufe Sperrschieber erhalten hat, ebenso direkte Verbindungen zwischen Hoch- und Mitteldruck-Vorwarts- sowie den Hochdruck-Rückwartsturbinen und den Kondensatoren mit entsprechenden Zwischenschiebern geschaffen sind, kann der Betrieb selbst bei Havarien größten Umfanges aufrecht erhalten werden, da jede einzelne der acht Turbinen für sich betriebsfähig ist Aus Abb 51 ist das klar ersichtlich

V. Teil.

Neue Lösungen des Schiffsturbinenproblems.

XII Abschnitt.

Das kombinierte Maschinensystem.

§ 48.

Allgemeines.

In § 19 a ist schon erwähnt, daß die Turbine zur Erzielung eines hohen Wirtschaftlichkeitsgrades große Schaufelgeschwindigkeit oder, was dasselbe ist, hohe Drehzahlen verlangt die Schiffsschraube aber das Gegenteil. Durch den daraus sich ergebenden Mittelweg muß sowohl auf einen Teil des Wirkungsgrades der Turbine wie der Schraube verzichtet werden, um einen brauchbaren direkten Antrieb zu erhalten

Die Kolbenmaschine zeigt die höchste Oekonomie bei mäßigen Umdrehungszahlen, die auf das beste mit den günstigsten Propellerumgängen übereinstimmen. In wärmetechnischer Beziehung. d. h. in der Dampfausnutzung, ist die Turbine selbst in ihrer ungünstigsten Ausgestaltung. nämlich als Schiffsantriebsmittel, der Kolbenmaschine (bezogen auf die Volleistung) überlegen, weil sie imstande ist. das ganze Druckgefälle bis hinunter zur Kondensatorspannung auszunutzen. Dagegen gelingt es in der Kolbenmaschine nur, die Dampfexpansion im Niederdruck bis auf etwa 0,7 kg pro qcm abs zu treiben. Ein Unterschreiten dieser Grenze hat

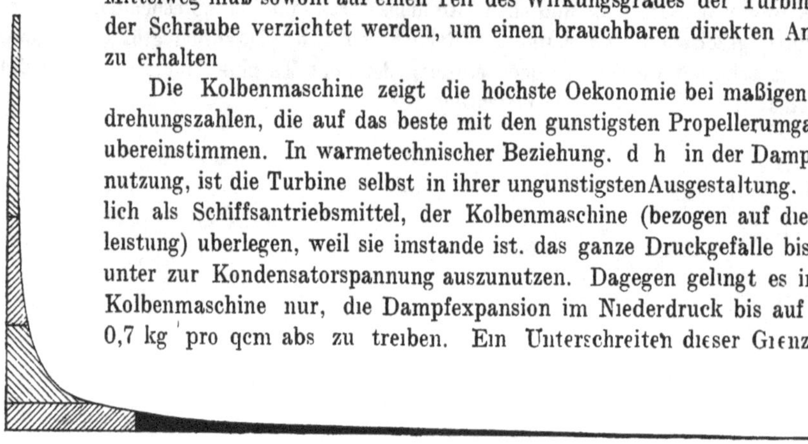

Abb. 52.

keinen Zweck, da bei zu großer Bemessung der Niederdruckmaschine und damit zusammenhängendem schweren Gestänge usw. Vorteile nicht mehr erreichbar sind. Das in Abb 52 dargestellte Diagramm zeigt in den vier schraffierten Flächen die Arbeiten der Zylinder einer vierfachen Expansionsmaschine. Dagegen gibt das schwarz angelegte Flächenstück die Leistung wieder. welche die Turbine durch weitere Expansion aus dem Abdampf der Kolbenmaschine noch zu ziehen imstande ist. Diese zusatzliche Leistung kommt ungefahr der eines Zylinders gleich. Im Gegensatz zum Niederdruck- macht sich im Hochdruckgebiet bei der Kolbenmaschine eine Ueberlegenheit geltend, der Parsonsturbine gegenuber infolge der schwierigen Ausgestaltung des Hochdruckteiles (Spaltverluste), der Aktionsturbine gegenüber durch die mit starker Geschwindigkeitsabstufung und partieller Beaufschlagung verbundenen Verluste.

Große Schiffsgeschwindigkeit, d. h. von 20 Knoten aufwärts, gestattet die Anwendung so hoher Schraubenumgange, daß sich die Situation insofern günstiger fur die Turbine gestaltet, als durch den sich verbessernden Propellerwirkungsgrad die Ueberlegenheit der Kolbenmaschine schwindet. Um so mehr macht diese sich aber geltend, je niedriger die Schiffsgeschwindigkeit liegt. Da die Ueberlegenheit der Schiffsturbine in der Ausnutzung des Niederdruckdampfes begrundet ist, suchte Parsons diesen Vorteil mit den Vorzugen der Kolbenmaschine, die, wie aus den Ausführungen oben hervorgeht, das Hochdruckgebiet und hohen Schraubenwirkungsgrad betreffen, zu vereinigen. So entstand das kombinierte Maschinensystem, das den hochgespannten Dampf in Kolbenmaschinen und den von diesen verarbeiteten Dampf in Turbinen ausnutzt.

§ 49

Kombinierte Maschinenanlagen.

Die erste kombinierte Maschinenanlage erhielt im Jahre 1908 der englische Frachtdampfer „Otaki", ein Schiff von 14 Knoten Geschwindigkeit und 7000 Brutto-Registerton. Einem Schwesterschiff mit reinen Kolbenmaschinen gegenüber erwies sich die „Otaki" als so wirtschaftlich, daß seitdem die Mehrzahl der in England erbauten großen

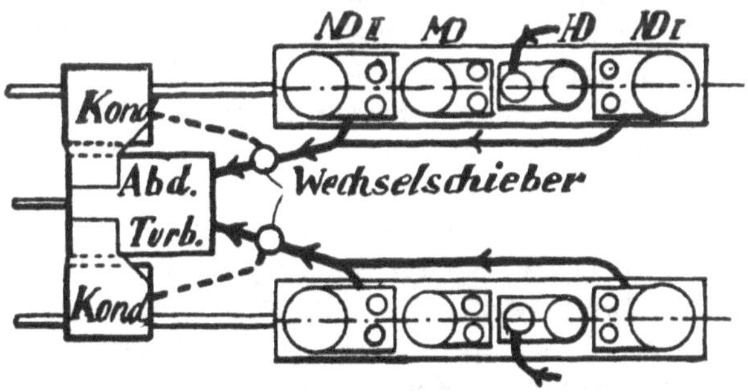

Abb. 53. Kombiniertes Maschinensystem.

Fracht- und Passagierdampfer von 14 Knoten aufwarts mit dem neuen Maschinentyp ausgerustet wurde. Die großte Anlage befindet sich auf dem White-Star-Dampfer „Olympic". Sie entwickelt bei einer Schiffsgeschwindigkeit von 21,5 Knoten 51 000 PS. In Deutschland folgten mehrere Reedereien dem englischen Beispiel nach 5 Jahren (Dampfer „Cap Polonio". „Johann Heinrich Burchard" usw, 16—20 000 PS).

Die englischen und deutschen Anlagen sind nach der in Abb. 53 wiedergegebenen Anordnung ausgefuhrt, d h nach dem Dreiwellensystem Auf die beiden Seitenwellen werden vierzylindrige, dreifache Expansionsmaschinen gesetzt, die beide ihren Dampf an die auf der Mittelwelle angeordnete Parsonsturbine abgeben. Diese ist wieder an zwei Kondensatoren angeschlossen. Es ist also gewissermaßen eine vierfache Expansion vorhanden. drei Stufen in den Kolbenmaschinen und die vierte in der Turbine. Die Kolbenmaschinen erhalten meistens vier Zylinder (geteilten Niederdruck). um durch Schlicksche Kurbelversetzung vibrationsfreies Arbeiten zu erreichen. Die Abdampfturbine kann, weil sie den niedrig gespannten Abdampf beider Kolbenmaschinen aufnimmt. großen Durchmesser erhalten und dadurch ihre Umdrehungszahl so eingeschränkt werden, daß sich ein recht wirksamer Propeller verwenden läßt. Trotzdem steht er den Kolbenmaschinenschrauben nach, durchweg um mehr als 5%, und verringert den durch die Kombination mit der Turbine erzielten Kraftgewinn von etwa 20% (verglichen mit reinen Kolbenmaschinen) auf 12—15%. Dieser wirtschaftliche Vorteil ist durch das kombinierte System im Seebetriebe durchweg erzielt worden

Auf französischen Schiffen wird das Vierwellensystem bevorzugt. Zwei vierzylindrige, dreifache Expansionsmaschinen wirken auf die inneren Wellen. Jede gibt ihren Dampf an die auf derselben Seite auf dem äußeren Schaft angeordnete Parsonsturbine ab Die Turbinen werden infolgedessen bedeutend kleiner als bei der Dreiwellenanordnung und müssen mit hohen Umdrehungen arbeiten (über 400 gegen 160 bis 250). Entsprechend ist der wirtschaftliche Vorteil geringer Beispielsweise zeigen die Kolbenmaschinenschrauben des französischen Fracht- und Passagierdampfers „Rochambeau“ (13 000 PS, 17 Knoten) bei 108 Umdrehungen der Kolbenmaschinen 4%. die der beiden Turbinen bei 413 minutlichen Umgangen dagegen 24% Slip. Beim Dreiwellensystem erreicht der Slip der Turbinenschraube durchweg nicht 15%.

Bei M a n ö v e r n wird für den Rückwärtsgang die Turbine (bzw. die Turbinen) ausgeschaltet. da sie nur für den Vorwärtsgang konstruiert ist Zu dem Zweck sind in ihre Zudampfleitungen große Wechselschieber eingebaut. Sie sperren bei „Stopp“ und „Rückwärts“ die Turbine von den Kolbenmaschinen ab und verbinden diese direkt mit den Kondensatoren. Ein solcher Wechselschieber besteht aus einem dichten Kolben. der sich in einem zylindrischen Gehäuse mit zwei Ringkanälen bewegt. Der obere Kanal hat Anschluß an den Kondensator, der untere, etwa in der Mitte des Zylinders sitzende, an die Niederdruckzylinder der zugehörigen Maschine Das untere Zylinderende ist über einen Kniestutzen mit der Turbine verbunden Steht der Wechselschieber zwischen beiden Kanälen (bei Vorwärtsauslage der Steuerung), dann wird der Dampf von der Kolbenmaschine zur Turbine geleitet Bei „Stopp“ und „Rückwärts“ schiebt sich der Kolben unter den unteren Kanal, sperrt den Weg von der Kolbenmaschine zur Turbine und verbindet erstere direkt mit dem Kondensator. Die Steuerung des Wechselschiebers erfolgt entweder durch Hebel und Zugstangen von der Umsteuerungswelle der zugehörigen Kolbenmaschine aus oder bei großen Ausführungen in Verbindung mit der Umsteuerung durch eine besondere Brownsche Kataraktmaschine In der Anordnung sind Vorkehrungen getroffen (durch eine Kulisse mit einem durch Spindel verstellbaren Stein), daß im Falle einer Havarie der Turbine diese auch bei Vorwärtsgang ausgeschaltet, d. h. der Wechselschieber in die untere Stellung gebracht werden kann. Havariert eine der Kolbenmaschinen, so wird sie auf dieselbe Weise abgeschaltet Dann gibt die andre ihren Dampf allein an die Turbine ab, welche jetzt mit stark reduzierter Leistung arbeitet.

Die Leistung der Kolbenmaschinen bei Rückwärtsgang erreicht und überschreitet 70% der gesamten Vorwärtsarbeit. Sie steht dabei dem reinen Kolbenmaschinenantrieb fast nicht nach, weil das Vakuum jetzt direkt auf die Niederdruckmaschinen wirkt und hier den Arbeitsdruck um 0,5—1,2 kg pro qcm erhöht. Die Anlagen werden nämlich für einen Turbineneintrittsdruck von 0,6—1,3 kg absolut konstruiert, durchschnittlich für atmosphärischen Druck.

Was die kombinierte Maschinenanlage an Platz und Gewicht mehr beansprucht als der reine Kolbenmaschinenbetrieb, wird durch die Ersparnis an Bunkerraum, Kohlen- und Kesselgewicht mehr als ausgeglichen.

Gute Aussichten, seine Stellung im Schiffsmaschinenbetriebe zu behaupten oder noch zu erweitern, eröffnen sich dem kombinierten System durch die Verwendung des jetzt im Kolbenmaschinenbetriebe deutscher Anlagen fast allgemein eingeführten Heißdampfes. Bei Verarbeitung von Sattdampf erreicht derselbe die Turbine mit über 10% Feuchtigkeitsgehalt. Die Befürchtung, daß auch der Heißdampf noch in die Turbine gelangt, liegt nicht vor, weil die Ueberhitzung schon im Mitteldruck fast ganz verschwindet und höchstens noch Dampf von Sättigungstemperatur die Turbine erreicht. Da derselbe aber keine Feuchtigkeit enthält, ist er erheblich arbeitsfähiger als im ersteren Falle, und einer weiteren Steigerung der Wirtschaftlichkeit um über 10% wären damit die Wege geebnet.

XIII. Abschnitt.

Indirekter Turbinenantrieb. Messung der Turbinenleistung.

§ 50.

Allgemeines.

Die Unmöglichkeit, die wirtschaftlichste Turbine und den wirksamsten Propeller in direkter Verbindung einander anzupassen, hat dazu geführt, Wege ausfindig zu machen, um beide sich diametral gegenüberstehenden Elemente in möglichst idealer Weise miteinander zu vereinigen.

Die Oekonomie der Kolbenmaschine ist durch die besonders in Deutschland gepflegte Verwendung von Heißdampf auf eine hohe Stufe gebracht worden; sie wird aber noch um rund 25% durch die mit überhitztem Dampf betriebene stationäre Turbine übertroffen. Dagegen sind die Versuche mißlungen, die Ueberhitzung für die Schiffsturbine bei direktem Antrieb nutzbar zu machen. Starke Dehnungen infolge der selbst in die Aktionsschiffsturbinen gelangenden hohen Temperaturen und große Temperatursprünge bei Leistungsänderungen und Manövern führten zu Schaufelbruch. Die Nutzbarmachung der schnellaufenden Turbine mit ihrem durch geringe Stufenzahl bedingten Aufbau für den Schiffsantrieb ist infolgedessen das Ziel gewesen, um der Turbine der Heißdampfkolbenmaschine und dem kombinierten Antrieb gegenüber mehr Geltung zu verschaffen.

Die Versuche mit den dafür gefundenen Losungen sind noch nicht abgeschlossen. eröffnen aber die Aussicht, daß es gelingen wird, die Oekonomie der Schiffsturbine weiter zu steigern und sie den andern Maschinentyps gegenuber konkurrenzfahig zu machen Ein sehr wichtiges Moment, welches fur die Bevorzugung der Turbine schon ausschlaggebend werden kann, wenn nur gleiche Dampfokonomie erreicht wird, stellt die Gewinnung eines olfreien Kondensates durch den Fortfall innerer Schmierung dar. Besonders fur die Heißdampfkolbenmaschine mussen umfangreiche Vorkehrungen getroffen werden, um das Oel aus dem Kondensat auszuscheiden und das in die Kessel gelangte zu zersetzen. Welche Rolle hier selbst geringe Fettmengen spielen, erhellt aus der Tatsache. daß eine Oelschicht von 0,5 mm Dicke den Wärmedurchlaß ebensosehr hemmt, wie ein 10mal starkerer Kesselsteinansatz! Dazu kommt die bedeutende Ersparnis an Schmiermitteln. an Ueberholungskosten, an Gewicht, bei großeren Ausfuhrungen an Raum und — ein nicht zu unterschatzendes Moment fur Reeder und Personal — stete Betriebsbereitschaft, da mit Lagerverschleiß fast gar nicht zu rechnen ist!

Alle genannten Vorzuge versprechen die beschrittenen Wege. Sie bestehen in einer Verbindung der schnellaufenden Turbine mit der niedrige Umgange einhaltenden Schraube

1. durch ein Zahnradgetriebe,
2. durch eine Zirkulationspumpe und eine Wasserturbine.
3 durch elektrische Uebertragung

§ 51

Das Zahnradgetriebe.

a) Einfache Uebersetzung.

Die Umsetzung der hohen Umdrehungen schnellaufender Turbinen auf praktisch brauchbare für den anzutreibenden Gegenstand durch Zahnradvorgelege ist zuerst von De Laval angewendet worden (vgl. § 5) Hier handelte es sich aber um mäßige Leistungen (bis zu 500 PS), die fur den Schiffsantrieb kaum in Betracht kommen. Das Beispiel des schwedischen Ingenieurs hat Anlaß zu zwei Konstruktionen gegeben, welche große Erfolge erzielten. Die eine Bauart ruhrt von den Amerikanern Melville und Macalpine her und wird größtenteils bei den Westinghouse-Werken ausgefuhrt Das andere Getriebe ist von Parsons selbst durchkonstruiert Es unterscheidet sich von ersterem durch die Lagerung des Ritzels, d. h. der kleinen Zahnräder, welche direkt von der Turbine angetrieben werden.

Beim amerikanischen Getriebe wird eine Teilung der Turbine vielfach nicht vorgenommen, wenn reine Aktionsturbinen zur Verwendung gelangen. Dann ist naturlich auch nur ein Ritzel vorhanden, welches in das große Rad der Welle für den Propeller, den Dynamo usw. greift. Auch gemischte Turbinen können so verwendet werden, wenn ihnen genügend Aktionsstufen vorgeschaltet sind Das Ritzel liegt durchweg in drei Lagern, und zwar in einem „schwimmenden“ Rahmen. der wieder in einem festen Gestell untergebracht ist. Gegen dieses wird er nach oben und unten durch je drei hydraulische Kolben derartig abgestutzt, daß er in vertikaler Richtung eine geringe Bewegungsfreiheit besitzt. Dadurch soll die Anlage der Zahne auf der ganzen Breite der Verzahnung und eine gleichmaßige Beanspruchung des Materials gewahrleistet werden, falls Verlagerungen der Wellen eintreten Die Kolben sitzen in Zylindern des Rahmens und lehnen sich mit den herausragenden Enden gegen das Gestell. Als Druckflüssigkeit dient das von der Welle mitgenommene Schmieröl, welches von der Stelle des höchsten Druckes (oben oder unten) in die Zylinder zwischen Rahmen und Kolben geleitet wird In dieser Ausfuhrung haben Hunderte von Getrieben in Landstationen und auf Schiffen seit Jahren den scharfsten Anspruchen genugt, darunter viele, die bis zu 5500 Schaftpferde pro Ritzel umsetzen Sie erforderten weder die geringsten Reparaturen, noch konnte ein meßbarer Verschleiß von Zahnen und Lagern nachgewiesen werden. Da das Melville-Macalpine-Getriebe auf amerikanische Beispiele beschrankt ist, erubrigt sich eine genauere Beschreibung des etwas komplizierten Aufbaues.

In allen andern Landern hat man sich fur das Getriebe mit fester Lagerung des Ritzels nach Parsons Vorgang entschieden Sie erfordert eine sehr sorgfaltige Montage und hat sich vorzuglich bewahrt!

Parsons teilt das Turbinenaggregat (fur Schiffsantrieb) stets (Abb. 54). Auf einer Seite greift in das große Schraubenwellenrad das Ritzel der Hochdruck- und auf der andern das der Niederdruckturbine ein, in deren Gehause noch die Ruckwartsturbine untergebracht ist. Die Ritzel sind durch lose Klauenkupplungen mit den Turbinenwellen verbunden (Abb 55) Eine Verlagerung z. B. der Turbinenwelle kann sich deshalb nicht auf die Ritzelwelle ubertragen und letztere ist von den Dehnungen der Turbine unabhängig gemacht Man gibt den Klauen etwa 0.3 mm Drehlose, um Klemmungen zu verhuten und etwa 5 mm Schubspiel Da die Lager mit Druckschmierung und die Zahnrader mit einer Sprengschmierung arbeiten, die sich vorzuglich bewahrt hat, ist selbst bei mehrjährigem Betriebe, sorgfaltige Ueberwachung naturlich vorausgesetzt ein Verschleiß nicht eingetreten

Beide Getriebearten besitzen zwei Zahngruppen (Abb. 54), deren Zahne gegenseitig zur Horizontalen geneigt sind, und zwar zwischen 20 und 45 ^{0} (deutlicher in Abb. 58), so daß sich Ritzel und großes Rad einander gegenuber genau einspielen Durch die Neigung werden viele Zahne mit kurzen Teilen gleichzeitig zum Eingriff gebracht, in Abb. 54 z. B. an jeder der vier Eingriffsstellen 25 Stuck, fur die Uebertragung der ganzen Turbinenleistung somit 100. Durch die Neigung werden die Zahne bis zu 1.4mal so lang als bei einfacher Querzahnung auf gleicher Radbreite und die Kraft auf recht viel Material ubertragen. Außerdem gelingt es durch den Eingriff vieler kurzer Zahnteile die Leistung noch auf mehr Material zum Tragen zu bringen, als die Zahnlange ausmacht, weil die jeder kurzen Eingriffsstelle (eigentlich nur Beruhrungspunkte) benachbarten Teile die Druckstelle unterstutzen. Zur schrägen Verzahnung, die sich auf den Ritzeln wie Schraubengange ausnimmt, hat gegriffen werden mussen, weil noch keine Maschinen vorhanden sind, welche gerade Zahne mit der notigen Prazision herstellen. Diese wurden durch das plotzliche Belasten und Entlasten des einzelnen Zahnes erhebliches Gerausch verursachen, was bei der schrägen Zahnung infolge des fortwahrenden Eingriffs der Zahnflanken nur in geringem Maße der Fall ist Je größer der Neigungswinkel ist desto mehr Zahnteile kommen zur An-

Abb. 54. Ein Turbinensatz mit Rädergetriebe und Kondensator des Dampfers „Transylvania“.
A Hochdruck, B Niederdruck-Vorwärtsturbine, C Rückwärtsturbine.
1 Kammlager, 2 Entlastungs-(Dummy)Kolben, 3 Bye-Paß 4 Entwässerung, 5 Sperrschieber, 6 Aktionsrad, 7 Druckschmierung für die Lager, 8 Sprengschmierung für die Verzahnung, 9 Oelabfluß, 10 Labyrinthstopfbuchse, 11 Klauenkupplung, 12 Kondensator mit Flansch für den Abdampfbogen.

lage, desto geringer das Geräusch. Dazu trägt die intensive Schmierung viel bei. Das Geräusch übersteigt nicht das des Kolbenmaschinenbetriebes, und deshalb hat das Getriebe schon seit Jahren Verwendung auf großen Passagierdampfern gefunden.

Der Turbinensatz in Abb. 54 leistet 5500 PS. Auf jede der 100 Eingriffsstellen entfallen daher 55 PS. Beim Rückwärtsgang wird das Getriebe nur auf der Niederdruckseite belastet. Die Rückwärtsturbine entwickelt 60% der Vorwärtskraft, das sind 3300 PS, die auf 50 Eingriffsstellen entfallen, auf jede also 66 PS. Die Belastung ist somit erheblich größer als beim Vorwärtsgang, findet aber auch nur selten Anwendung. In der Belastung auf den Zentimeter Zahnbreite ist man allmählich von 80 auf 120 und mehr kg gegangen, ohne die Zahnung durch die schnellsten Belastungsänderungen zu gefährden. In einem amerikanischen Getriebe trat Zahnbruch bei 196 kg auf den Zentimeter ein, doch lag der Grund sowohl in einer schlechten Bearbeitung wie in ungeeigneter Zahngröße. Die Teilung beträgt, unabhängig von der zu übertragenden Leistung, etwa 15 mm. Die Zähne sind also sehr klein. Sie werden durch besonders konstruierte Fräsmaschinen hergestellt und erhalten vielfach eine Eingriffslose von nur $^1/_{20}$ mm. Andere Konstrukteure gehen bis zu 0,5 mm. Durch Verbesserung der Werkzeugmaschinen ist es gelungen, erheblich glattere Fräsung zu erzielen, als es bei den ersten Ausführungen der Fall war. Eine weitere Glättung bewerkstelligt man dadurch, daß das in der Werkstatt provisorisch montierte Getriebe, durch Elektromotor oder Transmission in Tätigkeit gesetzt, in einem Oelbad eingeschliffen wird, welches mit Staubschmirgel durchsetzt ist.

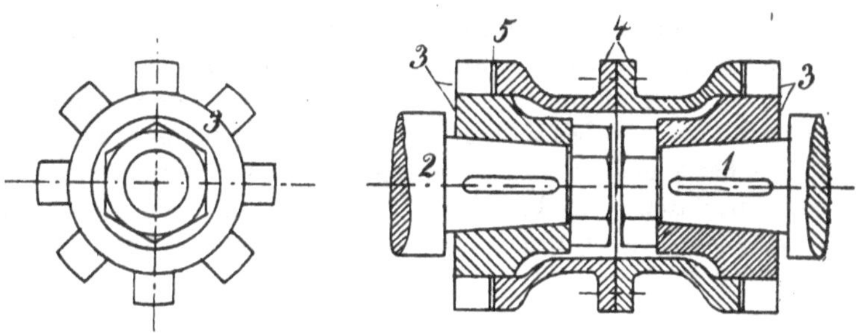

Abb. 55. Beispiel einer Klauenkupplung.
1 Turbinen-, 2 Ritzelwelle, 3 Klauenstern, 4 Kupplungsmuffen mit Nuten in den Endflanschen für die Klauensterne, 5 achsiales Klauenspiel.

Das Ritzel besteht aus weichem Chromnickelstahl, niedrigprozentigem Nickelstahl oder Spezialstahl. Die Zähne sind in verstärkte Teile der Welle eingefräst. Dagegen werden die Zähne des großen Rades in zwei aus Flußstahl geschmiedete Ringe eingeschnitten, die auf den aus Gußeisen oder Stahlguß hergestellten Radkörper geschrumpft und noch besonders durch Schrauben gesichert sind. Hartes Material läuft also auf weichem. Das große Rad wird auf ein kurzes Ende der Schraubenwellenleitung aufgekeilt.

Außer der Druckschmierung beugt die gemeinschaftliche Unterbringung von Ritzeln und großer Radwelle in einem kräftigen Gußeisengehäuse einer Verlagerung derselben vor. Dieses Gehause wird durch einen mehrteiligen Deckel (in Abb 54 abgenommen) verschlossen, um ein restloses Auffangen des Oeles zu ermöglichen und ein Eindringen von Fremdkörpern zu verhuten, welche die Zahnung gefahrden könnten. Mannlöcher gestatten eine Revision der Innenteile und das Aufmessen der Ritzellagerung.

Die Ueberflutungsschmierung sendet ihre Stahlen direkt in die zum Eingriff gelangenden Zahnlücken und fullt dieselben von oben wie von unten fur beide Gangarten. Ueber den Eingriffstellen sitzen am Gehause Verteilungsstutzen mit Anschluß an die Oeldruckleitung (Abb. 54, 8). Im Innern sind an die Stutzen mehrere Dusen mit etwa 10 mm Durchgang geschlossen, deren Mundung direkt auf die Eingriffsstellen gerichtet ist Infolge des außerordentlich schnellen Eingriffes der Zahne kann das Oel seitlich nicht schnell genug entweichen, sondern wird mit hohem Druck zwischen den im Eingriff befindlichen Zahnen hindurchgepreßt, hier einen Schirm bildend, welcher eine metallische Beruhrung nicht zulaßt. Diese Schmierung hat sich so gut bewahrt, daß sich in vieljahrigem Betriebe eine Vergroßerung der Zahnlose meistens nicht nachweisen ließ. Es stellt sich allmählich eine feine Politur der Zahne ein, die erfahrungsgemäß kaum noch einem Verschleiß unterliegt. Die Zähne der Ritzel, welche dem Uebersetzungsverhältnis entsprechend viel haufiger zum Tragen kommen als die des großen Rades, nehmen in den Laufflachen mit der Zeit eine Härtung an, ahnlich wie in den Wänden von Dampfzylindern.

Wie wenig angstlich man bei Getrieben kleinen Schaden gegenuberzustehen braucht, daruber einige Beispiele aus der Praxis. Auf einem Torpedofahrzeug, dessen volle Leistung durch Getriebe umgesetzt wurde, wies das eine beim Beginn der Erprobungen erhebliche Anrostungen der Zahne infolge schlechter Konservierung bei der Werkstattslagerung auf. Die Zahne wurden (aus der Not der Zeit) nur mit Schmirgel gesaubert, und das Getriebe bewährte sich trotz der rigorosesten Frontanforderungen vorzuglich.

In einem anderen Falle zeigten große Zahnpartien breite rauhe Stellen, die von unreinem Oel herruhrten. Man beließ sie in ihrem Zustande als „Schönheitsfehler". Sie zeigten in der Folge keine Aenderungen und es war an dem Arbeiten des Getriebes nicht das geringste zu beanstanden.

Aus allem geht hervor, daß das Zahngetriebe eine außergewöhnliche Lebensfahigkeit besitzt und absolut zuverlassig ist! Erstere wird noch durch folgende Maßnahme unterstutzt: Fur das Uebersetzungsverhältnis sind einmal die gunstigsten Umdrehungen fur die zur Verwendung gelangenden Turbinen, andrerseits die der Schraube maßgebend. Wird z. B. ein Verhaltnis von 1: 20 festgestellt und entfallen auf das Ritzel 30 Zahne, dann gibt man dem großen Rade nicht 600, sondern 599 oder 601. Bei genau 600 Zähnen wurden nämlich bei jeder Umdrehung immer die gleichen Zähne kämmen und einer Einseitigkeit des Verschleißes (herruhrend z. B. von nicht genau bearbeiteten Zahnen oder ungleichmäßigem Material) Vorschub geleistet. Aendert man aber das Verhaltnis um einen Zahn, so wird der gleiche Eingriff erst wieder bei jeder 30. Umdrehung des großen Rades eintreten und ein gleichmäßiger Einschliff aller Zähne gefördert. Eine tatsächlich eintretende Abnutzung entfällt naturgemaß vornehmlich auf das Ritzel. Ein solches ließe sich leicht als Reserve mitführen, da es nur geringen Umfang besitzt und sich schnell auswechseln läßt. Die

Erfahrungen haben aber gelehrt, daß diese Maßnahme ruhig vernachlässigt werden kann.

Ueber die Kraft, welche ein Getriebe umzusetzen imstande ist, läßt sich sagen, daß 1918 schon solche erbaut waren, die mit zwei Ritzeln 22 500 PS übertrugen!

Der Propellerschub wird an derselben Stelle aufgenommen, den das große Drucklager beim Kolbenmaschinenbetrieb einnimmt. Die Druckwelle ist direkt an die kurze Welle des großen Rades angeschlossen. Als Drucklager findet vielfach eine dem Kammlager gleichende Bauart Anwendung. Sie besitzt, weil eine Entlastung durch Dampfschub fehlt, entsprechend größere Abmessungen. Die zum Tragen kommende Seite der Ringe ist mit Weißmetall ausgegossen.

Die Schmierung aller Lager und der Zähne besorgt eine Dampfpumpe wie beim gewöhnlichen Turbinenbetrieb direkt, oder sie pumpt das Oel aus dem Sammeltank durch Kühler und Filter in einen Hochtank. Von diesem fließt es mit einem der Fallhöhe entsprechenden Druck (o,3—0,8 kg) den Schmierstellen zu. Bei längeren Liegezeiten (über zwei Wochen) ist es ratsam, die Zähne mit einem dünnen Hauch von Zylinderöl zu versehen, da das leicht verlaufende, nicht seifende Turbinenöl keine guten Konservierungseigenschaften besitzt.

Das Zahngetriebe hat einen von andern Reduktionsmitteln nicht erreichten Wirkungsgrad. Er stellt sich auf volle 98,5%, so daß nur 1,5% von der an der Turbinenwelle geleisteten Kraft durch Reibung verloren geht! Auf Schiffen muß zur Bewertung der Gesamtkonstruktion noch der Verlust abgezogen werden, der durch das Mitschleppen der Rückwärtsturbine entsteht. Infolge der Ventilation ihrer Schaufeln in dem dünnen Abdampf ist er gering. Parsons hat ihn zu noch nicht 1% festgestellt (durchweg 0,75 bei 95% Vakuum), so daß 97,5% Wirkungsgrad übrig bleiben und hinter dem großen Drucklager gemessen 97%! Diesen Wirkungsgrad erreicht das Schiffsgetriebe, einerlei, welches Uebersetzungsverhältnis gewählt wird! Auf Frachtdampfern hat man schon solche von 1: 26,2 angewendet. Allerdings wird das Schraubenwellenrad dabei groß und schwer, doch ergibt sich immer noch eine Gewichtsersparnis sowohl gegenüber dem direkten Turbinenantrieb wie der Kolbenmaschine (bei letzterer für 2000 PS etwa 10%). Gutes Verhalten zeigt das Getriebe in Seegang beim Lenzschlagen der Schraube. Infolge der großen Uebersetzung erhält die Turbine keine Zeit, allzuhohe Umdrehungen aufzunehmen, denn die Uebertragung wirkt direkt bremsend, das große Rad als Schwungrad.

Eingehende und reell durchgeführte Vergleichsfahrten von Kauffahrteischiffen (Schwesterschiffen) mit Turbinen und Getriebe einerseits und Kolbenmaschinen andrerseits haben unter Anwendung von Sattdampf eine wirtschaftliche Ueberlegenheit von 15% für das Getriebe ergeben.

Ein Blick auf Abb. 54 lehrt, daß es einfachere Turbinensysteme gibt. Die Hochdruckmaschine besitzt nicht weniger als 84 und die Niederdruckturbine 30 Stufen, trotzdem sie 1700 Umdrehungen machen (die Schrauben 135). Die geringe Dampfmenge zwingt bei der Reaktionsturbine zur Wahl kleiner Durchmesser, um eine erträgliche Schaufellänge zu erhalten. Man vergleiche damit die Rückwärtsturbine, welche bei 60% der Vorwärtsleistung nur ein dreikränziges Curtisrad und 16 Parsonsstufen aufweist!

1916 ging man in England endlich zur Verwendung von Heißdampf für Getriebeturbinen auf Schiffen über. Zu dem Zweck schaltete man der Hochdruck-Parsonsturbine ein zweikränziges Curtisrad vor, wie schon bei Sattdampfbetrieb der Rückwärtsturbine ein dreikränziges. Auch verteilte man dabei vielfach die Rückwärtsleistung auf beide Wellen und brachte das dreikränzige Curtisrad in einem kurzen Gehäuse vor der Hochdruck-Vorwärtsturbine unter. Die Niederdruck-

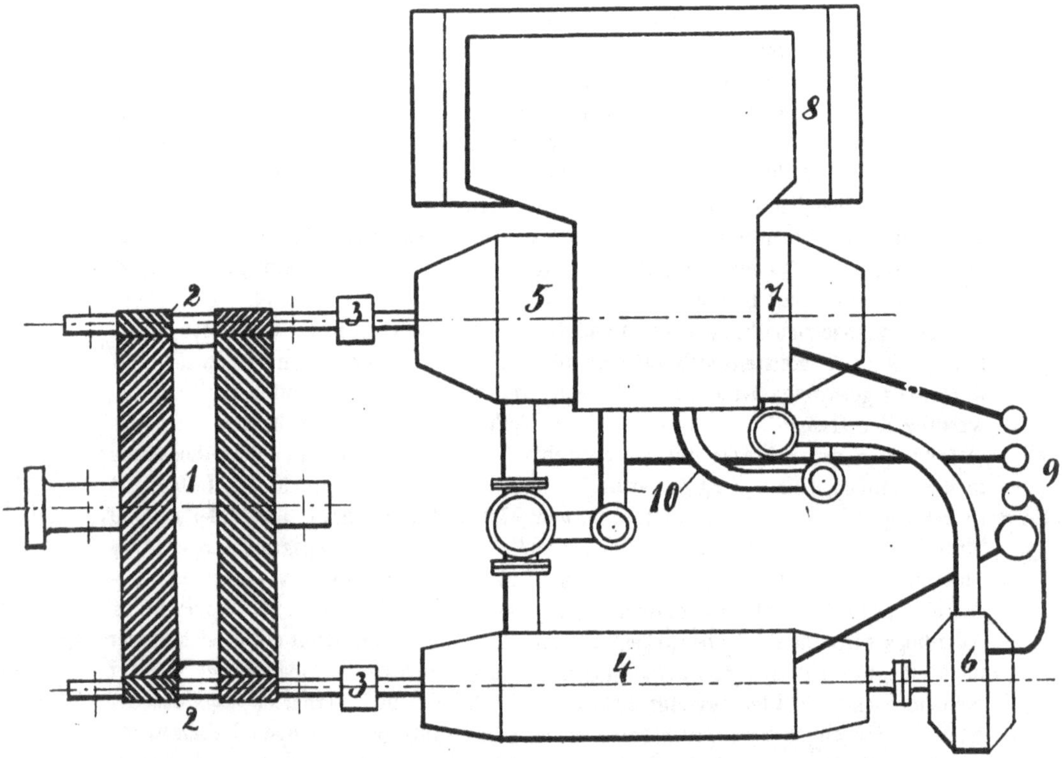

Abb. 56. Getriebe mit Heißdampfturbinen.
1 Großes Getrieberad, 2 Ritzel, 3 Klauenkupplungen, 4 Hochdruck-, 5 Niederdruck-Vorwärtsturbine, 6 Hochdruck-, 7 Niederdruck-Rückwärtsturbine, 8 Kondensator mit Abdampfbogen, 9 Frischdampfventile, 10 Abdampfanschlüsse der Hochdruckturbinen nach Kondensator.

Vorwärtsturbine blieb dann als reine Parsonsturbine an alter Stelle (Abb. 56). Durch Sperrschieber in den Uebertrittsrohren von den Hoch- zu den Niederdruckturbinen, Einbau von Verbindungen zwischen Hochdruckturbinen und Kondensator und Anschluß der Niederdruckturbinen an besondere Frischdampfleitungen wird im Falle einer Havarie eine weitgehende Möglichkeit zur Aufrechterhaltung des Betriebes geschaffen. Die Oekonomie wurde mit 50—70 ° Ueberhitzung gegenüber dem Sattdampf um rund 10% gesteigert.

b) Das Zahngetriebe mit doppelter Uebersetzung.

Dem beschriebenen Zahngetriebe mit einfacher Uebersetzung wird im Uebersetzungsverhältnis dadurch eine Grenze gesetzt, daß das große Rad schließlich erhebliche Dimensionen annimmt. Im allgemeinen ist man auf Schiffen über eine Gehäusehöhe von 4 m und einen Raddurchmesser von 3,75 m nicht hinausgegangen. Bei einem Satz von 1700 PS fur einen Frachtdampfer kam man dabei auf ein Uebersetzungsverhältnis von 1 : 26,2. Bei den sehr niedrigen Schraubenumdrehungen dieses wichtigsten Schiffstyps von 60—80 in der Minute konnten die Turbinen nur auf 1300—1700 Umläufe gebracht werden. Die günstigsten Drehzahlen belaufen sich aber auf das Doppelte. Nachdem man schon 1916 in Amerika zur doppelten Reduktion übergegangen war (für Schiffe noch in Verbindung mit Sattdampf), folgte man in England 1918 diesem Beispiel. Wird z. B. in erster Stufe eine Uebersetzung von 1: 8 und in zweiter eine solche von 1: 6 angenommen, so kommt man zu einem Gesamtverhältnis von 1 : 48 und erhält dabei für die Räder so mäßige Abmessungen, daß das Gesamtgewicht des Getriebes nicht dasjenige der einfachen Uebersetzung von 1: 24 überschreitet. Der Wirkungsgrad hinter dem großen Drucklager beträgt volle 96%.

Mit dieser Konstruktion ist sowohl für die Schraube wie für die Turbine die allergünstigste Drehzahl erreichbar. Das Doppelgetriebe zeigt verschiedenartigen Aufbau. In einem Falle teilt man die Turbine in Hoch-, Mittel- und Niederdruckmaschine und läßt jede für sich mit den geeignetsten Umdrehungen laufen, wie sie Schaufellänge, Steifheit der Rotore und Austrittsquerschnitt für den Dampf in der letzten Schaufelreihe bedingen. So ist z. B. eine Anlageart ausgeführt, in der die Hochdruckturbine 4000, die Mitteldruck- 3000 und die Niederdruckmaschine 2000 Umgänge macht und erstere beiden je ein Viertel, letztere die halbe Leistung liefert. Die Wallsend Slipway and Engineering Co. in Wallsend on Tyne ist unter ihrem Chefkonstrukteur bahnbrechend vorgegangen und stattet Schiffe mit folgender Konstruktion aus, die z. B. ein Frachtdampfer mit 2000 PS erhielt: der Turbinensatz ist nach reinem Aktionsprinzip (System Brown-Curtis) ausgeführt und in Hoch-, Mittel- und Niederdruckturbine geteilt. Erstere beiden sitzen in zwei Gehäusen auf einer Welle (Abb. 57) und treiben ein Ritzel. Die Niederdruckturbine wirkt mit ihrer Welle auf ein zweites Ritzel. Die Hochdruckturbine weist zwei zweikränzige Curtisräder auf, die Mitteldruckmaschine eine zweikränzige und sieben einkränzige Stufen und die Niederdruckturbine 13 einkränzige Räder. Das Rückwärtsaggregat ist ebenfalls geteilt und entwickelt 60% der Vorwärtsleistung. Die Hochdruck-Rückwärtsturbine, ein dreikränziges Curtisrad, hat in einer besonderen Kammer der Mitteldruck-Vorwärtsturbine Aufnahme gefunden, die Niederdruck-Rückwärtsturbine in üblicher Weise im Abdampfraum der Niederdruck-Vorwärtsmaschine. Sie zählt ein drei- und zwei zweikränzige Curtisräder. Jede einzelne Turbine hat Frischdampf- und Kondensatoranschluß, um im Falle der Havarie den Betrieb mit den restlichen Maschinen aufrecht erhalten zu können. Jedes Ritzel wirkt von oben auf ein größeres Rad, zu dessen Seiten in die Welle die Ritzelzähne der zweiten Uebersetzungsstufe geschnitten sind. Die großen Räder der ersten Stufe haben also die Stelle des mittleren Stützlagers der Ritzel bei einfacher Uebersetzung eingenommen. Die Ritzel der zweiten Stufe haben naturgemäß erheblich größeren Durchmesser als die der ersten erhalten, weil das Gebilde Ritzelrad-großes Rad-Ritzelrad nur in zwei Endlagern gestützt wird und, um Durchfedern zu verhüten, kräftige Ausführung erfordert. Um Platz für die großen Räder der ersten Stufe zu schaffen, sind an Stelle des einen großen Gußrades auf der Propellerwelle zwei getreten, jedes mit einem Zahnkranz, in den die Ritzel der zweiten Stufe kämmen. Gegenüber der einfachen Uebersetzung ist das Gehäuse für die großen Räder der ersten Stufe seitlich ausgebaucht, also etwas breiter, dafür aber erheblich niedriger infolge der kleineren einzelnen Uebersetzungsverhältnisse. Für die Hochdruckseite beträgt die Reduktion etwa 51,5 : 1 (Turbinen 3600 Umdrehungen) und fur die Niederdruckseite etwa 40 : 1 (Turbine 2800 Umdrehungen). Die Schraube macht 70 Touren. Fur diese Konstruktion ist zum ersten Male hoch uberhitzter Dampf zur Anwendung gekommen. Bei 15 kg Gebrauchsdruck beträgt die Dampftemperatur am Turbineneintritt 330 ° C, die Ueberhitzung also 130 ° C. Bei Kohle von mittlerer Güte wurde ein Verbrauch von 0,5 kg für die hinter dem großen Drucklager gemessene Wellenpferdestärke, einschließlich Hilfsbetrieb, festgestellt. Auf gleich starke Kolbenmaschinen bezogen entspricht das etwa 0,46 kg für die PSi! **Dieses Maschinensystem gilt jetzt als der Antrieb der Zukunft für Handelsschiffe.**

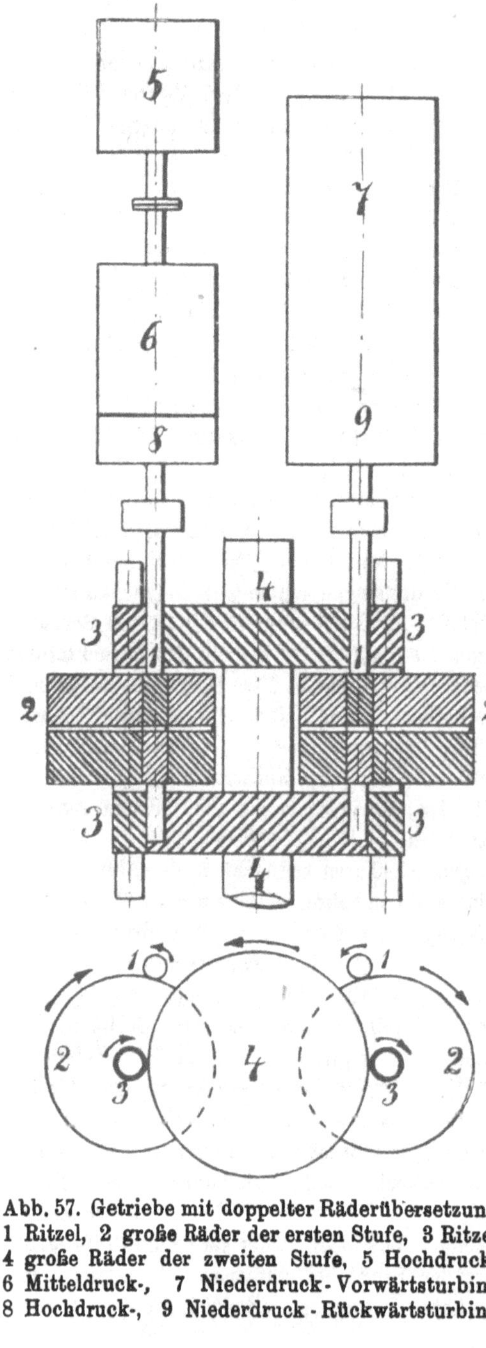

Abb. 57. Getriebe mit doppelter Räderübersetzung. 1 Ritzel, 2 große Räder der ersten Stufe, 3 Ritzel, 4 große Räder der zweiten Stufe, 5 Hochdruck-, 6 Mitteldruck-, 7 Niederdruck-Vorwärtsturbine, 8 Hochdruck-, 9 Niederdruck-Rückwärtsturbine.

Abb. 58 zeigt ein von Melville und Macalpine für einen amerikanischen Frachtdampfer ausgeführtes Doppelgetriebe, das im Prinzip dem

Abb. 58. Melville-Macalpine-Doppelgetriebe.

vorbeschriebenen gleicht, nur sind die großen Räder der ersten Stufe wie die der zweiten auseinandergezogen, um Platz für ein mittleres Stützlager zu schaffen. Die Ritzel sind nach dem amerikanischen System „schwimmend" gelagert. Im Hintergrunde ist das kräftige Gestell für den Ritzelrahmen der linken zweiten Ritzelstufe sichtbar, im Vordergrunde für beide Ritzel die Flanschen der Unterteile der „schwimmenden" Rahmen mit den Kanälen für die Lagerschmierung. Das Getriebe setzt 3500 PS um. Hoch- und Niederdruckturbine (Mitteldruck ist nicht vorhanden) haben gleiches Uebersetzungsverhältnis und machen 3860 Umdrehungen, die etwa mit 1: 7,5 und 1: 7 um das 52fache auf 74,3 für die Schraube herabgemindert werden.

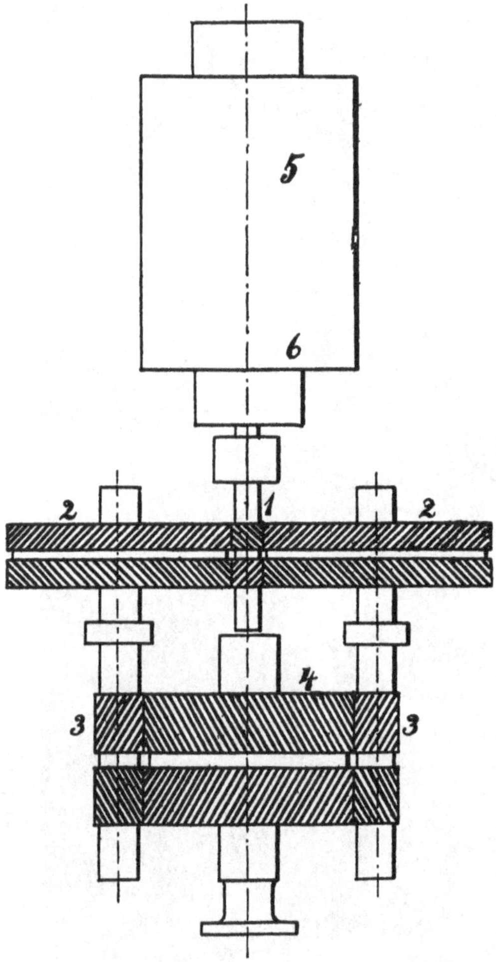

Abb. 59. Getriebe mit doppelter Räderübersetzung. 1 Ritzel, 2 große Räder der ersten Stufe, 3 Ritzel, 4 großes Rad der zweiten Stufe, 5 Vorwärts-, 6 Rückwärtsturbine.

In Abb. 59 ist die Maschine eines anderen amerikanischen Frachtdampfers wiedergegeben. Es sind nur eine Vorwärtsturbine und eine Rückwärtsturbine, beide in einem Gehäuse, vorhanden. Die Vorwärtsturbine zählt ein zweikränziges Curtisrad und vier einkränzige Stufen, die Rückwärtsturbine ein zweikränziges und ein einkränziges Rad; also eine sehr einfache Maschine. Durch das einzige Ritzel wird die Leistung von 2700 PS auf die zwei großen Räder der ersten Stufe umgesetzt, deren jedes wieder ein Ritzel für die zweite Stufe treibt. Hier sind die Ritzelwellen wieder durch Klauenkupplung mit den Radwellen verbunden. Die Radgruppen sind also nicht neben-, sondern hintereinander angeordnet, aber auch in einem Gehäuse untergebracht. Die Turbine macht 4000 und die Schraube 90 Umdrehungen mit Uebersetzungen von 1 : 7,5 und 1 : 4,7, insgesamt rund 1 : 35.

§ 52.

Der Foettinger-Transformator.

Einen ganz anderen Weg als Melville, Macalpine und Parsons hat Prof. Dr. Foettinger eingeschlagen, um Turbine und Schraube auf die geeignetsten Umdrehungen zu bringen. Er verbindet dazu eine von der Turbine angetriebene Zentrifugalpumpe mit einer Wasserturbine, welche auf der Schraubenwelle sitzt und durch den von ersterer erzeugten Wasserstrom ihre Triebkraft erhält. Durch engste Vereinigung beider Elemente, welche die unmittelbare Einwirkung der Pumpe auf die Wasserturbine bewirkt, ist es Dr. Foettinger gelungen, ein Reduktionsmittel zu schaffen, welches nicht den höchsten Wirkungsgrad, wohl aber mehrere ihm eigene Vorzüge besitzt, die ihm Verwendungsmöglichkeiten bieten.

In Abb. 60 ist der Transformator schematisch dargestellt. Er besteht aus einem gußeisernen Gehäuse, in das von der einen Seite (rechts) die Turbinen- und von der anderen (links) die Schraubenwelle mündet. Auf der Turbinenwelle (P r i m ä r w e l l e) sitzt ein Zentrifugalrad (P r i m ä r r a d), welches das das Gehäuse fullende Wasser

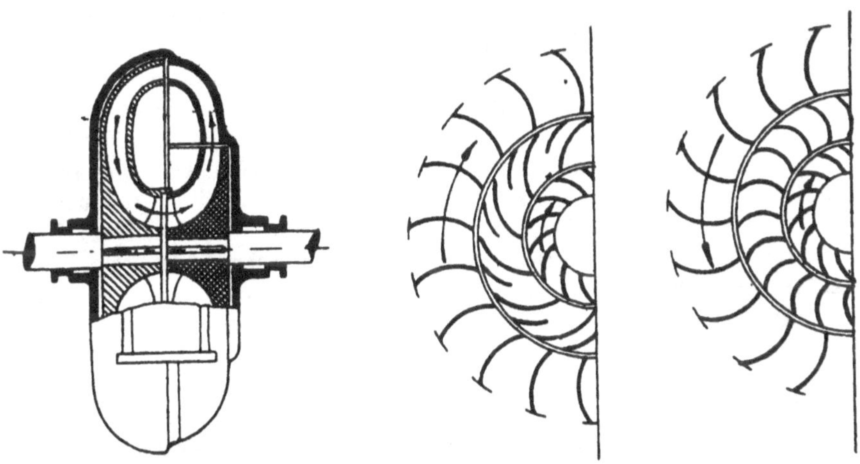

Abb. 60. Schema des Foettinger-Transformators.

an der Nabe ansaugt und an der Peripherie ausschleudert, und zwar in ein mit dem Gehäuse fest verbundenes L e i t r a d. Dieses besitzt Schaufeln, welche den mit großer Geschwindigkeit und einigen Atmosphären Druck aus dem Primärrad kommenden Wasserstrahlen eine ganz bestimmte Richtung geben. Auf die Schraubenwelle ist nun das Wasserturbinenrad (S e k u n d ä r r a d) gekeilt, gegen dessen Schaufeln die durch das Leitrad gerichteten Wasserstrahlen strömen und das Rad zum Drehen bringen, sowohl durch Geschwindigkeit wie durch Druck. Da die Strahlen im Sekundärrad von außen nach innen fließen, ist es eine Radialturbine. Je nach der Schaufelanordnung kann die Drehung eine schnellere oder langsamere als die des Primärrades sein. Sie wird natürlich für den durch den Schiffstransformator angestrebten Zweck eine erheblich langsamere sein. Die Wasserströme gehen durch das Sekundärrad von der Peripherie zur Nabe. Mit der vom Rade nicht gänzlich aufgezehrten Geschwindigkeit strömt das Wasser direkt in die Einsaugeöffnung des Primärrades zurück, so daß an Energie nichts verloren geht.

In Abb. 60 sind rechts zwei verschiedene Schaufelungen für das Leit- und Sekundärrad dargestellt, aus denen hervorgeht, daß einmal das Sekundärrad im selben Sinne, andrerseits entgegengesetzt zur Rotation gebracht werden kann wie das Primärrad. Werden also zwei derartige Transformatoren miteinander kombiniert, so können mit einer immer im selben Drehsinne arbeitenden Turbine der Schraube Vorwärts- und Rückwärtsgang erteilt werden. Dazu gehort eine Vorrichtung, welche den Transformator vom Wasser entleert, dessen Drehrichtung nicht verlangt wird und den andern der arbeiten soll, anfüllt. Das sind die Grundzüge, nach denen der Foettinger-Transformator für den Schiffsantrieb aufgebaut ist. Einen Vorzug vor dem Rädergetriebe bildet also der Fortfall der Rückwärtsturbine.

Die moderne Konstruktion eines Foettinger-Transformators ist in Abb. 61 wiedergegeben. Das große Gehäuse nimmt den Vorwärts-, das kleine den Rückwärtstransformator auf. Letzterer ist deshalb kleiner gehalten, weil man sich für diese Gangart mit etwa 70% der Vorwärtsleistung begnügt. Die Welle rechts ist die Turbinen-, die links die Schraubenwelle. Auf dem hintersten Ende der Turbinenwelle sitzt das Primärrad A des Vorwärtstransformators, im gleichen Gehäuse das Vorwärts-Sekundärrad D und daran geschraubt ein Ringrad B. Das Sekundäraggregat ist hier also zweistufig ausgeführt, eine Maßnahme, welche bei der erforderlichen Ermäßigung der Primärumläufe notwendig ist, um einen hohen Wirkungsgrad zu erzielen. Die erste Sekundärstufe B wird von den Wasserstrahlen des Primärrades A unmittelbar beaufschlagt und entzieht ihnen hauptsächlich Geschwindigkeitsenergie. Aus dem Rade B tritt der Wasserstrom in das feststehende Leitrad C, in welchem ihm infolge seines Druckes einmal Geschwindigkeit und andrerseits eine Richtung erteilt wird, die ihn im selben Sinne gegen die zweite Sekundärstufe D leitet wie gegen die erste Stufe B. Die Leitschaufeln des Rades D dienen also gewissermaßen gleichzeitig als Dusen.

Auf der Turbinenwelle ist vor dem Vorwärts-Primärrad A das im selben Sinne beschaufelte Rückwärts Primärrad A_1 befestigt. Im Ruckwärtstransformator hat das Sekundäraggregat auch zwei Stufen erhalten, nämlich die erste B_1, welche mit der zweiten Stufe D_1 aus einem Stück gegossen ist. Auf das Primärrad A_1 folgt hier nicht wie im Vorwärtstransformator direkt die erste Sekundärstufe, sondern die Strahlen müssen, da D_1 und B_1 andern Drehsinn erhalten sollen, durch ein Leitrad gewendet werden. Das besorgt das feste Leitrad C_1. Die zweite Leitschaufelung C_2 wendet den das Laufrad B_1 verlassenden Wasserstrom für die zweite Sekundärstufe D_1. Aus dieser saugt das Primärrad das Wasser zu neuem Kreislauf wieder an. Das Rückwärts-Sekundärradpaar B_1 D_1 ist mit der ersten Sekundärstufe B des Vorwärtstransformators verflanscht. Das scheinbar schwache und komplizierte Gebilde der Räder D, B, D_1 und B_1 ist so kräftig konstruiert, daß es die größte Betriebssicherheit bietet. Die ganze Rädergruppe arbeitet freifliegend um die beiden Primärräder herum. Das Material sämtlicher Räder mit Schaufeln besteht aus Bronze. Die Schaufeln sind sauber geglättet, um die Wasserreibung einzuschränken und einen möglichst hohen Wirkungs-

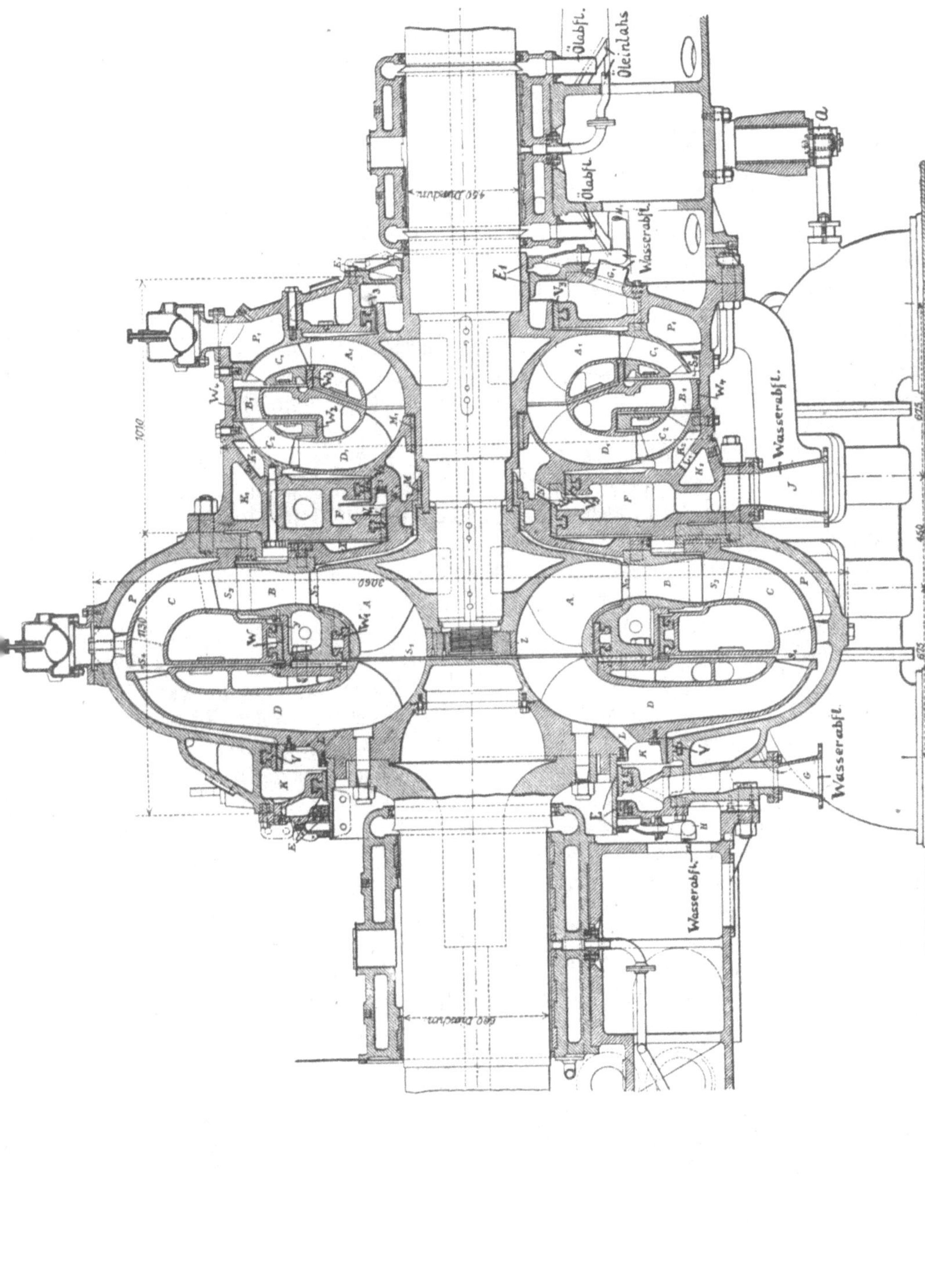

Abb. 61. Foettinger-Transformator.

grad zu erreichen. Weil man vom ganzen Sekundäraggregat selbstverständlich das stärkste Rad D direkt auf die Welle setzen muß, ist es erklärlich, daß der schwächere Rückwärtstransformator vorn, d. h. der Turbine am nächsten liegt.

Die Sekundärwelle trägt an der Eingangsstelle in das Gehäuse des Vorwärtstransformators einen Ringansatz und ist an dieser Stelle durch das Labyrinth E (Spitzendichtung) gegen das Gehäuse abgedichtet, die Turbinenwelle gegen das Gehäuse des Rückwärtstransformators auf der langen Nabe des Primärrades A_1 durch das Labyrinth E_1. In das Labyrinth E tretendes Leckwasser wird aus beiden Ringräumen desselben durch Leitungen G und H nach einem Frischwassertank geführt, das Leckwasser des nur mit einem Ringraum versehenen Labyrinthes E_1 durch Leitung H_1. Letzteres erhält nur einen Ringraum, weil das weiter innen im Gehäuse befindliche, gegen einen Ringansatz des Primärrades A_1 dichtende Labyrinth V_3 E_1 unterstützt und Leckwasser aus ersterem größtenteils schon durch das Rohr G_1 ablaufen kann.

Weitere Labyrinthe sind vorhanden: V zwischen Vorwärtssekundärrad D und Gehäuse, V_1 und V_2 zwischen dem Rückwärtssekundärrad D_1 und dem Gehäuse, M und M_1 zwischen dem Rückwärtssekundärrad D_1 und der Nabe des Rückwärtsprimärrades A_1 und zum Teil noch auf der Nabe des Primärrades A; weiter bei W zwischen dem Vorwärtssekundärrade D und dem Leitrade C, bei W_1 zwischen Rad B und dem Primärrade A, bei W_2 zwischen dem Rückwärtssekundärrade D_1 und dem Leitrade C_2, bei W_3 zwischen dem Primärrade A_1 und dem Sekundärrade B_1 einerseits und zwischen letzterem und dem Leitrade C_1 andrerseits und schließlich bei W_4 zwischen dem Sekundärrade B_1 und dem Gehäuse.

Ist z. B. der Vorwärtstransformator in Betrieb, dann arbeitet das Wasser mit mehreren Atmosphären Druck und sucht durch Labyrinthe V und E nach außen zu dringen, wird hier aber durch die Leitungen H und G abgefangen. Ferner dringt Wasser durch den zwischen Primärrad A und Sekundärrad B befindlichen Spalt S_2 und weiterhin durch Labyrinth M nach dem leeren Rückwärtstransformator, wird aber zwischen den Labyrinthen M und M_1 in einen Ringraum, durch Bohrungen N nach dem Ringraum F und durch Rohr J nach dem Tank abgeleitet, so daß auf dem beschriebenen Wege kein Wasser in den Rückwärtstransformator gelangt. Auch durch den Spalt S_3 zwischen Sekundärrad B und Leitrad C dringt Wasser durch nach dem Labyrinth V_1 in den Ringraum F und läuft gleichfalls durch Leitung J ab. Diese Wasserverluste müssen natürlich ersetzt werden, da sich sonst der in Betrieb befindliche Transformator allmählich entleert. Zu dem Zweck wird entweder von der Turbinenwelle durch Schraubenräder oder durch eine besondere Dampfturbine mit drei- oder vierkränzigem Curtisrad eine Zentrifugalpumpe angetrieben, welche das Leckwasser aus dem im Doppelboden befindlichen Sammeltank ansaugt und durch eine Leitung und einen besonderen Schieber in den zwischen Labyrinth V und E sitzenden Ringkanal K und von hier durch Bohrungen L des Sekundärrades D in dieses hineindrückt. Die Löcher L sind so gebohrt, daß das eingepumpte Wasser mit dem Strom des kreisenden Wassers direkt dem ansaugenden Primärrade zufließt. Auf diese Weise wird der Transformator ständig vollgehalten. Infolge Zurückdrängens durch das in K hineingepumpte Wasser kann, genau genommen, kein Wasser aus dem Transformator in Ringraum K gelangen; sondern das aus dem Labyrinth E tretende Leckwasser entstammt hier, solange die Rückförderpumpe arbeitet, ihrem Ersatzwasser. Labyrinth V verhindert das Eindringen des Ersatzwassers nach Raum P und in Spalt S_4, wo es auf die das Leitrad C verlassenden Wasserströme störend wirken würde. Labyrinth W verhindert bei der Tätigkeit des Rückwärtstransformators ein Durchdringen des aus dem Sekundärrade B tretenden Wassers direkt nach der Oeffnung in der Peripherie des Sekundärrades D; alles aus B kommende Wasser muß also durch das Leitrad C, ausgenommen die geringen Verluste, welche auch nicht durch die Labyrinthe W und V_1 zu vermeiden sind. W_1 verhindert den Rücktritt des beim Spalt S_2 aus dem Primärrade A mit großem Druck strömenden Wassers nach dem Spalt S_1 und zurück in die Einsaugeöffnung des Primärrades. Was W_1 durchläßt, ist natürlich Verlust.

Bei der Tätigkeit des Rückwärtstransformators läuft der Vorwärtstransformator leer mit. Daher dringt Wasser durch Labyrinthe M_1 und V_2 hindurch in den Ringraum F und läuft durch J ab. Dasselbe ist nach der Außenseite durch V_3 und E_1 der Fall; hier fließt das Leckwasser durch G_1 und H_1 ab. Der Ersatz von der Rückförderpumpe erfolgt in diesem Falle über den jetzt umgestellten und den Zugang nach K nunmehr sperrenden Schieber nach Kanal K_1, durch Bohrungen L_1 in den Raum K_2 und weiter durch den Spalt zwischen Leitrad C_2 und Sekundärrad D_1 in letzteres hinein. Labyrinth W_3 verhütet einmal das Zurücktreten von Druckwasser aus dem peripherialen Spalt des Primärrades A_1 nach dem Saugkanale und andrerseits das Umfließen nach dem Sekundärrade B_1 unter Umgehung des Leitrades C_1. W_4 läßt kein Wasser direkt vom Leitrade C_1 nach Leitrad C_2 durch, und W_2 sperrt den Durchtritt von B_1 nach D_1 unter Umgehung des Leitrades C_2.

Wie schon erwähnt, darf nur der in Tätigkeit befindliche Transformator mit Wasser gefüllt sein. Daraus folgt, daß beim Umsteuern der in-Betrieb gewesene entleert, der andere dagegen voll sein muß. Die Entleerung erfolgt durch einen Schieber nach dem Sammeltank im Doppelboden, die Fullung durch die Rückförderpumpe, die auch den Ersatz des Leckwassers besorgt, durch Kanal K bzw. K_1. Die Entleerung des Vorwärtstransformators vollzieht sich durch den großen Spalt S_4 zwischen dem Sekundärrade D und dem Leitrade C nach dem Ringraum P, von hier durch einen Stutzen über den Ablaufschieber nach dem Tank. Der Rückwärtstransformator entleert sich durch den Spalt S_5 zwischen dem Sekundärrade B_1 und dem Leitrade C_1 nach Raum P_1 und weiter über den Schieber nach dem Tank. Ist z. B. der Vorwärtstransformator in Betrieb und soll rückwärts gefahren werden, dann hat der große Schieber den Ablauf aus P_1, der bisher offen war, zu schließen und den von P zu öffnen, damit der Vorwärtstransformator abläuft. Gleichzeitig wird der in die Druckleitung der Rückförderpumpe geschaltete Schieber so umgestellt, daß die Pumpe Wasser nach K_1 fördert, der Rückwärtstransformator gefüllt und weiter voll gehalten wird. Bei dieser Bewegung sperrt der Schieber den Zugang nach Kanal K, so daß kein Wasser mehr in den Vorwärtstransformator gelangt. Beim Fullen des Transformators muß die Luft schnell entweichen können, um ein volles Füllen zu ermöglichen und andrerseits das Entleeren unter Einlaß von Luft zu beschleunigen. Daher erhält jeder Transformator oben ein großes Luftventil.

Das Steuerungsschema ist in Abb. 62 in der Ansicht von oben wiedergegeben. Unter dem am Rückwärtstransformator befestigten, die Turbinenwelle hier tragenden Lager (bei a in Abb. 61) sitzt quer ein doppelarmiger Hebel D. Dieser betätigt den auf der einen Seite des Transformators angebrachten großen Entleerungsschieber B, auf der andern Seite den mit zwei Einschnürungen versehenen, entlasteten Füllschieber A. Das Gehäuse des ersteren ist auf den Enden durch Rohre mit dem Tank verbunden (auch unten in Abb. 61 sichtbar), zwei Ringräume im zylindrischen Teil mit den Stutzen der Transformatorkanäle P und P_1. Deckt der Schieber z. B. den Kanal nach P, so läuft der Rückwärtstransformator ab. Im

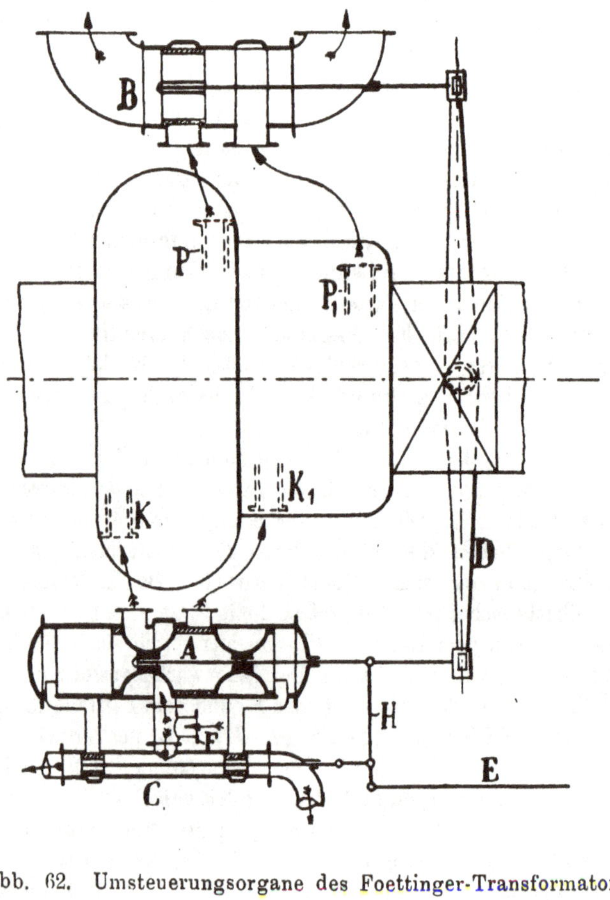

Abb. 62. Umsteuerungsorgane des Foettinger-Transformators.

Gehäuse des Füllschiebers befinden sich drei Kanäle, von denen der mittlere Anschluß an die Rückförderpumpe besitzt, der eine seitliche an den Füllkanal K und der andere an K_1. Infolge der Verbindung mit dem doppelarmigen Hebel D bewegen sich Entleerungs- und Füllschieber entgegengesetzt. Bei der in Abb. 62 wiedergegebenen Stellung ist der Ablauf des Vorwärtstransformators geschlossen und der Einlaß des Füllwassers durch die linke Einschnürung nach demselben geöffnet. Dagegen steht der Ablauf des Rückwärtstransformators offen und der Zulauf nach K_1 ist gesperrt. Das

Bild stellt also die Betriebsstellung für den Vorwärtsgang dar. Bei entgegengesetzter Auslage erfolgt Umschaltung auf Rückwärtsgang.

Die Bewegung des Doppelhebels besorgt das Druckwasser der Rückförderpumpe mit Hilfe des Steuerschiebers C durch Einwirkung auf den Füllschieber. Der Steuerschieber wird von Hand durch Hebel und Zugstangen vom Maschinistenstand aus betätigt. Das Schiebergehäuse hat fünf Rohranschlüsse. Die beiden Schieberbunde decken in der Mittelstellung zwei Kanäle nach den Enden des Füllschiebergehäuses. Zwischen beiden Bunden mündet das Druckrohr der Pumpe. Die Gehäuseenden stehen mit dem Tank in Verbindung. Das Steuergestänge E ist nicht direkt an den Schieber angeschlossen, sondern an einen doppelarmigen Hebel, dessen anderes Ende an die Stange des Füllschiebers faßt. Zwischen beiden Endpunkten greift die Schubstange des Steuerschiebers an. Abb. 62 gibt die Betriebsstellung für Vorwärtsgang an. Soll auf Rückwärts umgesteuert werden, dann ist der Steuerschieber nach rechts zu ziehen. Drehpunkt für den Zwischenhebel H ist bei dieser Bewegung sein Angriffspunkt an die Füllschieberstange. Der Steuerschieber läßt Druckwasser nach der rechten Seite des Füllschiebers durch und verbindet die linke Seite desselben mit dem Tank. Der Füllschieber wird nach links gedrückt. Ist der Steuerschieber weit genug ausgelegt, dann geht der Füllschieber so weit, daß die rechte Einschnürung desselben den Druckkanal mit dem Kanal K_1 verbindet, während der Zufluß nach K sich schließt. Bei dieser Bewegung ist der Drehpunkt für den Zwischenhebel H an die Steuerstange E verlegt und der Steuerschieber um das Stück wieder nach links verschoben, um welches er bei der Auslage durch das Steuergestänge aus der Mittellage gezogen war. Sobald er schließt, stoppt die Bewegung des Füllschiebers ab, da die Wirkung des Druckwassers und der Abfluß auf der andern Seite aufhören. Die Größe der Bewegung richtet sich nach der Auslage des Steuerschiebers. Der Entleerungsschieber macht die Bewegung des Füllschiebers entgegengesetzt mit. Die Umsteuerung erfolgt also auf hydraulischem Wege durch den Druck der Rückförderpumpe (2—4 kg pro qcm). Für den Fall, daß diese Umsteuerung versagt, sind Vorkehrungen getroffen, um dies durch Zugspindeln zu besorgen, die den Hebel D betätigen. Das Umsteuern von voll Vorwärts auf voll Rückwärts läßt sich in 13 Sekunden bewerkstelligen.

Hinter das Absperrventil der Turbine ist ein Drosselventil geschaltet, welches von einem Achsenregler beeinflußt wird und eine Ueberschreitung der maximalen Tourenzahl verhindert. Man kann daher umsteuern:

1. mit abgestellter Turbine,
2. ohne die Turbine abzustellen, mit voller Drehzahl, da der Regler ein Durchgehen der Maschine verhindert.

Ist die Rückförderpumpe gekuppelt, so darf die Turbine natürlich nicht gestoppt werden. Da beim Umsteuern der Wasserbedarf wegen der Füllung des leeren Transformators größer ist als bei normalem Betriebe, erhält die gekuppelte Pumpe in der Druckleitung einen Regulierschieber, während die durch eine Hilfsturbine betätigte durch Aenderung der Umdrehungszahl auf größere Leistung gebracht wird.

Eine Aenderung der Schraubenumdrehungen ist möglich:

1. durch entsprechende Einstellung der Turbine mit dem Absperrventil,
2. (z. B. bei Manövern) mit vollaufender Turbine durch nur teilweises Auslegen

der Steuerung. Dabei ist der Entleerungsschieber für den in Betrieb befindlichen Transformator etwas geöffnet, und der Füllschieber läßt nur soviel Wasser durch, daß der Transformator nicht ganz gefüllt wird. Der Wirkungsgrad des Transformators kann auf diese Weise so eingestellt werden, daß die Schraubenwelle die gewünschten Umläufe macht.

Gestoppt werden kann:

1. durch Stoppen der Turbine,
2. mit laufender Turbine durch Auslage der Steuerung auf Mittelstellung. Dabei entlerren sich beide Transformatoren und der Zufluß des Druckwassers wird durch den Füllschieber gesperrt.

Montage. Das große Sekundärrad D wird durch Flansch und Schraubenbolzen mit der Druckwelle des Propellerschaftes verbunden (Abb. 61). An das Rad D wird auf dieselbe Weise Rad B gesetzt. Auf den an die Turbinenwelle gekuppelten kurzen Primärschaft ist das Rückwärtsprimärrad A_1 geschoben, auf dessen Nabe die aus einem Stück gefertigten Flansch X und die Ruckwärtssekundärräder D_1 und B_1 mit den Labyrinthen M und M_1. Danach wird das Vorwärtsprimärrad A aufgekeilt und Mutter Z vorgezogen. Nun schiebt man das ganze auf der Primärwelle sitzende Radgebilde in das auf der Propellerwelle befestigte hinein und vereinigt durch Festschrauben des Flansches X am Sekundärrad B alle vier Rader D, B, D_1 und B_1 miteinander. Das Transformatorgehäuse ist horizontal geteilt, ebenso die in ihm gehalterten Labyrinthringe E, E_1, V, V_1, V_2, V_3 und W. Ferner sind alle Leiträder aus Bronze gefertigt, horizontal geteilt und mit den Gehäuseteilen durch Flanschen und Schrauben verbunden. Nachdem die festen Teile fertig montiert sind, wird der Rotor eingesenkt und durch Aufsetzen des Gehäusedeckels der Transformator geschlossen. Bei großen Ausführungen werden Vorwärts- und Rückwärtsgehäuse für sich gegossen. Die Revision des Transformators bietet keine Schwierigkeiten.

Als Antriebsmaschine kommen entweder reine Aktions- oder gemischte Turbinen in Betracht, Aktionsturbinen, die etwa dem langsamlaufenden Typ der stationären A.E.G.-Maschine entsprechen, und gemischte Turbinen mit einem zweikränzigen Curtisrade und folgender Trommel mit Parsonsstufen. Eine nach diesem Typ ausgeführte Turbine der Vulkanwerke Hamburg-Stettin zeigt Abb. 63. In diesem Etablissement ist der Transformator entstanden und entwickelt worden. Da im Primärteil ein Schub nach hinten entsteht, wird die Turbine so aufgestellt, daß der Dampf sie entgegengesetzt durchströmt, um durch den Dampfschub den Transformatorschub aufzuheben. Vor dem vorderen Traglager sitzt zur Aufnahme von Schubdifferenzen ein Drucklager, vor diesem ein Schnellschluß und ganz vorn der Achsenregler des Drosselventils. Im Sekundärteil ist der Schub ebenfalls nach hinten gerichtet. Er kommt der Entlastung des großen Drucklagers der Schraubenwelle bei Vorwärtsgang zugute.

Der Wirkungsgrad des Transformators beträgt bis zu einem Uebersetzungsverhältnis von 1 : 6 88% und sinkt mit Ueberschreitung desselben. Die 12% gehen vornehmlich durch Wasserreibung verloren. Der Verminderung der Turbinenumdrehungen sind also sehr enge Grenzen gesteckt. Bei Verwendung geeigneter Propeller lassen sich immerhin Turbinenumläufe noch erreichen, welche die Stufenzahl so einschränken, daß mäßig überhitzter Dampf gebraucht werden kann. Das ist ein Vorteil, der wesent-

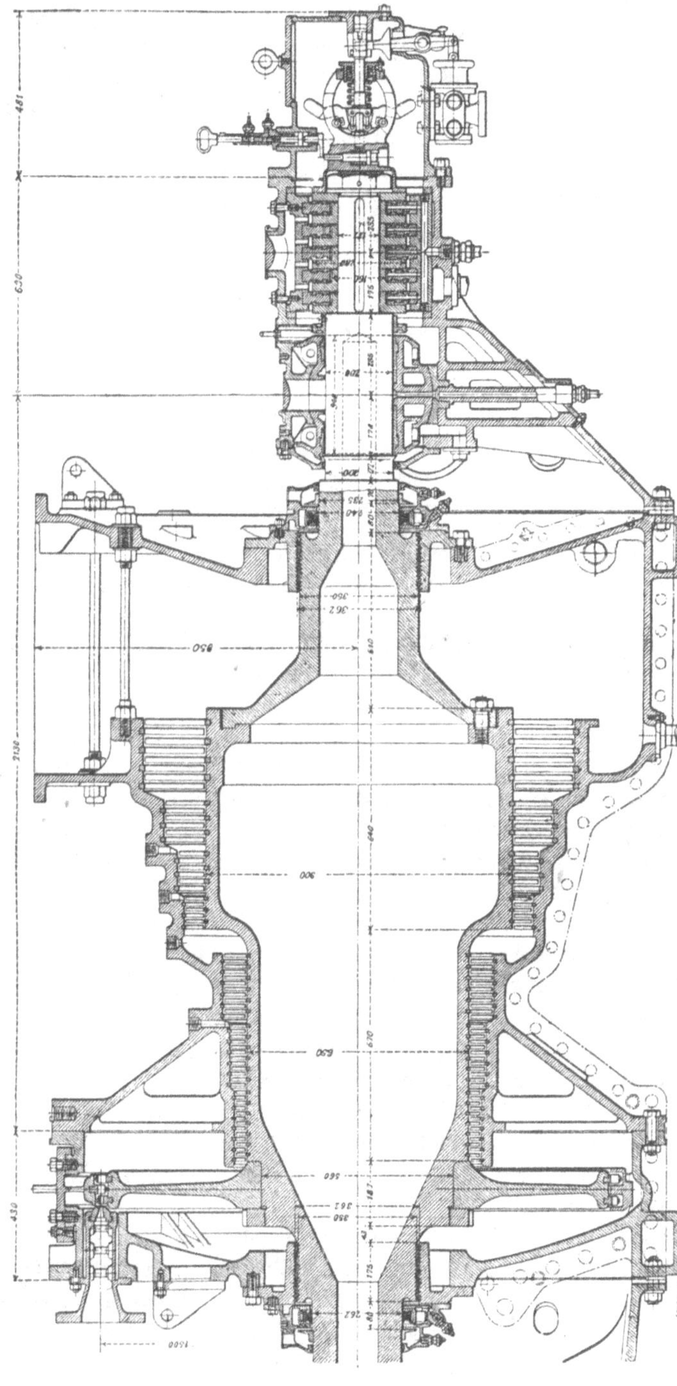

Abb 63. Antriebsturbine für einen Foettinger-Transformator.

lich durch das Fehlen der Rückwärtsturbine unterstützt wird. Die Antriebsmaschine kann außerdem stets mit maximaler Tourenzahl laufen. Der Wirkungsgrad läßt sich noch bis zu 2% dadurch erhöhen, daß zum Füllen und Nachfüllen Kesselspeisewasser herangezogen und das durch die mechanische Arbeit in der Temperatur erhöhte Leckwasser zur Speisewassererwärmung benutzt wird. Der so auf 90% erhöhte Wirkungsgrad (hinter dem großen Drucklager gemessen) steht hinter dem des Getriebes um 6—7% zurück. Die Gewichtsersparnis gegenüber dem direkten Turbinenantriebe soll etwas größer sein als beim Zahngetriebe mit einfacher Uebersetzung. 90% Wirkungsgrad bei sehr kleinem Uebersetzungsverhältnis reichen nicht aus, um dem Transformator ein Verwendungsgebiet auf Schiffen zu sichern; es müßte denn schon gelingen, durch Konstruktionsverbesserungen den Wirkungsgrad wesentlich zu erhöhen!

§ 53.

Elektrische Reduktion.

a) Allgemeines.

Der dritte Weg, die schnellaufende Turbine für den Schiffsantrieb nutzbar zu machen, besteht darin, daß man sie zur Erzeugung elektrischer Energie heranzieht und durch diese Elektromotoren antreibt. Dieselben wirken entweder direkt oder durch Zahngetriebe auf die Schraubenwellen. Als Strom kommt Drehstrom in Frage. Bei direktem Antrieb bedingt derselbe große Polzahl und Motoren von erheblichen Dimensionen, um auf brauchbare Schraubenumgänge zu kommen. Ausführungen dieser Art sind zuerst in der amerikanischen Kriegsmarine zur Anwendung gekommen. Das System hat sich derartig bewährt, daß Kriegsschiffe bis zum größten Panzerkreuzer mit 180 000 PS dort damit ausgerüstet werden. Auf Handelsschiffen hat sich das von den schwedischen Ingenieuren Gebrüder Ljungström heiausgebrachte System durch seine Erfolge Geltung verschafft. Schwedische Firmen und ein englischer Zweig der Ljungströmgesellschaft haben schon eine Reihe von Frachtdampfern schwedischer, englischer, norwegischer, finnischer, dänischer, französischer und japanischer Nationalität mit ihrem Antrieb ausgestattet. Sie benutzen kleine Motoren mit Rädergetriebe. Beide Systeme verwenden Kalilauge (KOH) als Widerstandsmittel zur Regelung der Motorenumläufe und Polschalter zur Aenderung der Gangart. Da im Dynamo und Motor je 5% der Turbinenleistung verloren gehen, kann man den Gesamtwirkungsgrad hinter dem großen Drucklager bei der amerikanischen Bauart mit 89,5, bei Ljungström, da noch 1,5% für das Getriebe abgehen, mit 88% annehmen. Er ist also noch etwas niedriger als beim Transformator, doch wird durch die mit hochüberhitztem Dampf betriebene Turbine, welche mit günstigsten Umdrehungen arbeiten kann, eine wesentlich höhere Wirtschaftlichkeit erzielt.

Das schwedische System verdankt seinen Erfolg der von den Gebrüdern Ljungström erfundenen Reaktions-Radialturbine, der Stalturbine (Abschnitt VIII), welche infolge eines bisher bei andern Turbinen nicht nachgewiesenen niedrigen Dampfverbrauches eine große Zukunft besitzt und schnell an Boden gewinnt.

b) Turbo-elektrischer Schiffsantrieb.

Im folgenden wird die Maschinenanlage eines englischen Frachtdampfers von 6000 t Tragfähigkeit mit 1500 PSe (etwa 1650 PSi) beschrieben, der eine von der Ljungströmgesellschaft gelieferte Anlage erhielt (Abb. 64).

Die elektrische Energie wird in vier Dynamos erzeugt. Je zwei erhalten ihren Antrieb von einer gegenläufigen Ljungströmturbine. Jeder der beiden Sätze ist auf einem Kondensator montiert, auf jeder Schiffsseite einer. Auf die Kondensatormäntel sind Gußstücke genietet, die einerseits mit dem Fundament am Schiffsboden, andrerseits mit den Dynamos verbunden sind, um Auflagerdruck von den Kondensatoren fernzuhalten. Der Auspuff der Turbine ist fest mit dem Abdampfflansch am Kondensator verschraubt; dagegen ruhen die Dynamos auf Federn, um Dehnungen folgen zu können. Jede Turbine besitzt 39 Schaufelringe, 20 auf der einen, 19 auf der andern Scheibe. Bei 3600 Umdrehungen erzeugt jeder Satz 625 Kilowatt oder etwa 880 PSe dreiphasigen Wechselstrom bei 650 Volt Spannung und 60 Perioden in der Sekunde. Der Regler entspricht der in § 37 beschriebenen Bauart. An jedem Dynamo sitzt ein Ventilationsrad, das einen kraftigen Kühlstrom zwischen Anker und Stator hindurchschickt. Die erwärmte Luft wird in Schächten abgefangen, nach dem Heizraum durch einen Howdenvorwärmer und weiter in die Aschfälle geleitet, so daß sich ein besonderes Kesselgebläse erübrigt. Die Luft wird direkt aus dem Maschinenraum abgesaugt.

Der erzeugte Strom geht uber eine Manövervorrichtung am Maschinistenstand nach zwei Drehstrommotoren. Jeder treibt ein Ritzel an, welches in das große, auf die Propellerwelle gekeilte Zahnrad greift. Die Motoren machen vollbelastet 714 Umdrehungen, welche durch das Getriebe auf 76 fur die Schraube ermäßigt werden; Gesamtübersetzung daher 47,4 : 1.

Am Schaltstand sind die Stromleitungen an sechs große Kupferkonusse angeschlossen; sie bilden zwei Gruppen zu je drei Stück. Die Konusse sind an einer ausbalancierten Hebevorrichtung befestigt, die durch das einzige Handrad am Maschinistenstand betätigt wird. Bei „Stopp“ liegen sie oberhalb der Flussigkeit zweier mit Kalilauge gefüllter Behälter. In diesen stehen als Elektroden je drei kupferne Hohlkonusse, von denen Leitungen zu den Motoren gehen. Der Elektrolyt dient als Regulierwiderstand. Eine durch Zeiger am Handrad markierte Stellung ist der Stoppunkt, in dem die Tauchkonusse oberhalb der Lauge stehen. Durch Rechts- wie durch Linksdrehen von dieser Stellung aus werden sie in die Flüssigkeit gesenkt und die Motoren angelassen. Ihre Drehzahl ist um so geringer, je weiter die Tauchkonusse von den festen entfernt bleiben, d. h. je größer der Weg ist, den der Strom durch den Elektrolyt zurücklegen muß. Bei Kurzschluß der Konusse laufen die Motoren mit voller Leistung. Der Kurzschluß erfolgt durch einen besonderen Kontakt am Tauchgestell, während zwischen den Konussen bei tiefster Tauchung (Volleistung) noch eine dünne Flüssigkeitsschicht zurückbleibt.

Die Drehrichtung der Motoren wird durch dasselbe Handrad eingestellt. Seine Spindel betätigt außer der Tauchvorrichtung durch Zuggestänge zwei Polumschalter. Bei Rechtsdrehen des Handrades laufen die Motoren im Vorwärtsgang, bei Linksdrehen rückwärts. Das Umsteuern erfolgt durch Wechsel von zwei Phasen. Im Gegensatz zu

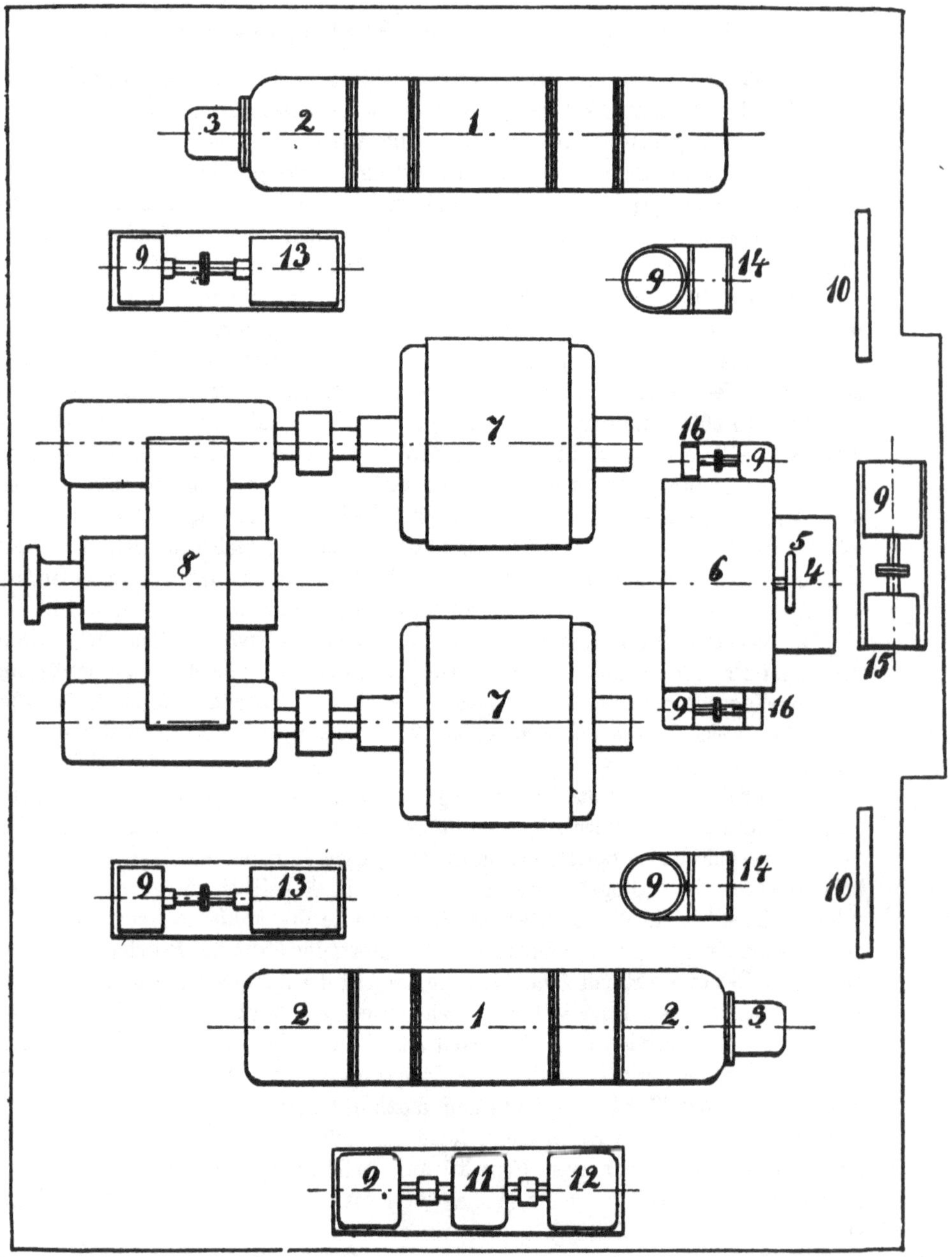

Abb. 64. Turbo-elektrische Maschinenanlage.
1 Gegenläufige Stalturbinen, 2 Drehstromdynamos, 3 Erregerdynamos, 4 Maschinistenstand, 5 Manöverrad, 6 Tauchbatterie, 7 Drehstrommotoren, 8 Zahngetriebe, 9 Drehstrommotoren für den Hilfsbetrieb, 10 Schalttafeln für Hilfsmotoren und Innenbeleuchtung, 11 Gleichstromdynamo für Innenbeleuchtung, 12 De Lavalturbine, 13 Kühlwasser-, 14 Luft- und Kondensatpumpen, 15 Speisepumpe, 16 Pumpen für den Elektrolyt.

andern Schiffsmaschinen ist die Rückwärtsleistung genau dieselbe wie für die andere Gangart.

Die Turbinen laufen bei allen Leistungen mit konstanter Tourenzahl infolge der präzisen Arbeit ihrer Regler. Der Elektrolyt wird durch einen Kühler auf niedriger Temperatur erhalten. Das Umpumpen besorgt eine kleine motorangetriebene Zentrifugalpumpe. Auch alle übrigen Hilfsmaschinen werden durch Drehstrommotoren angetrieben, so die Kühlwasserpumpen für die Kondensatoren, die Kesselspeisepumpe, der Gleichstromdynamo für die Schiffsbeleuchtung und die Naßluftpumpen. Das Absaugen der Luft aus den Kondensatoren erfolgt durch Dampfstrahlapparate.

In den Ueberhitzern der Kessel wird die Dampftemperatur derartig gesteigert, daß sie an den Einlaßventilen der Turbinen noch 350 ° C beträgt. Für den Hafenbetrieb ist ein kleiner Hilfskessel vorgesehen, der den Dynamo mit einer kleinen mehrstufigen de Lavalturbine betreibt. Zur einen Seite des Dynamos ist der Drehstrommotor aufgebaut. der den Antrieb in See besorgt und seine Energie von den Hauptdynamos empfängt wie die andern Hilfsmotoren. Auf der andern Seite liegt die de Lavalturbine. Motor und Turbine sind mit dem Dynamo durch eine schnell lösbare Kupplung verbunden, so daß der Antrieb leicht angeschlossen werden kann, der gebraucht werden soll.

Die Schmierung der Lager in den Turbodynamos, Motoren und Getriebe besorgen Räderpumpen. welche von den Motorwellen angetrieben werden. Das gesamte, in einem Sammeltank zusammenlaufende Oel wird in einen Hochtank im Maschinenschacht gepumpt und läuft von hier über einen Kühler den Schmierstellen zu. Der Fallhöhe entsprechend beträgt der Druck etwa 0,5 kg. Wie für die Kesselspeisung ist auch für die Schmierung eine Reserve-Kolbenpumpe vorgesehen, um bei Stillstand der Hauptdynamos und beim Klarmachen der Anlage in Tätigkeit zu treten.

Soweit bisher Nachrichten über die Wirtschaftlichkeit des Ljungstromsystems vorliegen, scheint dieselbe nicht völlig die der Heißdampfanlagen mit Doppelgetriebe zu erreichen, kommt ihr aber sehr nahe. Es sind Versuche im Gange, um die hohe Oekonomie der Ljungströmturbine mit gegenläufigen Scheiben in direkter Verbindung mit Zahngetrieben voll zur Geltung zu bringen.

§ 54.

Messung der Turbinenleistung.

Für die Messung der Kolbenmaschinenleistung hat man in dem Indikator ein vorzügliches und zuverlässiges Mittel, das zugleich eine Kontrolle der arbeitenden Innenteile ermöglicht; dagegen kann man die Leistung des Dampfes in der Turbine nicht ohne weiteres feststellen. Die Ermittlung ist nur auf indirektem Wege zu erreichen. Zur Messung der Leistung sind verschiedene Instrumente, elektrische wie mechanische, erfunden worden. Unter ihnen hat der von Prof. Dr. Foettinger erfundene Torsionsindikator (Verdrehungsmesser) eine große Verbreitung gefunden. In Abb. 65 ist eine der verschiedenen Ausführungen schematisch wiedergegeben.

Das Instrument mißt die Verdrehung der Welle für ein Stück von beschränkter Länge (höchstens 2 m) und macht dieselbe durch Vergrößerung erkennbar. Die Teile des Apparates sind durchweg zweiteilig ausgeführt, um sie auf der Welle montieren zu können. Auf diese ist ein Rohr von etwas größerem Durchmesser gestreift und auf einem Ende durch Flanschverstärkung und Stellschrauben fest mit der Welle verbunden. Das freischwebende Ende trägt eine große Flanschscheibe. In einigem Abstand von dieser sitzt fest auf der Welle eine zweite Scheibe mit einem Arm, in dem ein Winkelhebel drehbar gelagert ist. Der eine Arm steht durch eine kleine Zugstange mit einer an der Scheibe des langen Rohres befestigten Stellschraube, der andre, senkrechte Arm durch eine langere, horizontale Zugstange mit dem Flansch eines auf der glatten Welle verschiebbaren, aber nicht drehbaren Rohres in Verbindung. Auf diesem Rohre ist durch zwei Ringansätze eine Nute gebildet. In diese faßt, genau passend, ein an einem Zeiger sitzender Zapfen. Der Zeiger wird in einem Bock drehbar gelagert und spielt mit seinem oberen Ende uber einer Skala. Nach der einen Seite gibt er die Verdrehung für den Vorwarts-, nach der andern fur den Ruckwärtsgang an. Mit der Stellschraube am Flansch des langen Meßrohres wird der Zeiger auf Null eingestellt

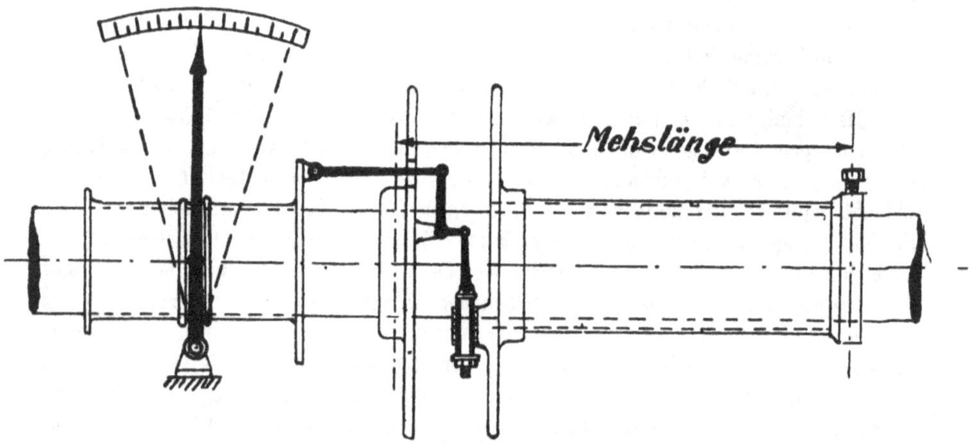

Abb. 65. Foettingers Torsionsindikator.

Die Meßlange fur die Verdrehung der Welle geht von der Mitte des Flansches der festen Scheibe bis zum Befestigungspunkt des Meßrohres. Zwischen diesen beiden Punkten wird sich die Welle je nach der an ihr wirkenden Kraft mehr oder weniger verdrehen. Das macht sich durch eine Verschiebung der beiden Flanschscheiben zueinander bemerkbar, überträgt sich auf den Winkelhebel, von diesem durch die Zugstange auf das verschiebbare Rohr und weiter auf Zapfen und Zeiger. Der übertragende senkrechte Arm des Winkelhebels ist länger als der wagrechte und weiter der Zeigerarm um ein Vielfaches größer, als der mit dem Zapfen. Die Verdrehung wird auf der Skala also in vielfacher Vergrößerung wiedergegeben. Während alles, das Meßrohr, feste Scheibe, Gestänge und verschiebbares Rohr sich mit der Welle drehen, kann infolge der Uebertragung der Verschiebung auf den in der Nute gleitenden Zeigerzapfen die Verdrehung an der ruhenden Skala direkt abgelesen werden. Aus den Festigkeitsproben des Materials der Welle wird eine Konstante ermittelt, die, mit dem Zeigerausschlag multipliziert, die Wellenpferdestärke (Schaftpferdestärke, PSe) ergibt. Die Skala kann auch so eingerichtet werden, daß die PSe direkt abzulesen sind.

Anhang.

Tabelle I.

Geschwindigkeiten des gesättigten Wasserdampfes.

Anfangsdruck in kg pro qcm absolut																	Expansions-enddruck kg/qcm absolut
0,5	1	2	3	4	5	6	7	8	9	10	11	12	13	14	15	16	
685	830	940	1005	1040	1080	1100	1125	1145	1155	1170	1185	1197	1210	1220	1227	1235	0,1
530	710	840	910	960	995	1035	1055	1065	1080	1095	1120	1133	1140	1150	1160	1170	0,2
405	620	770	850	900	940	970	990	1010	1030	1050	1070	1080	1090	1100	1120	1130	0,3
265	540	720	800	860	900	930	960	980	1000	1020	1035	1045	1057	1070	1080	1090	0,4
—	470	670	765	820	860	900	925	950	970	990	1005	1015	1030	1045	1055	1065	0,5
—	—	460	610	690	740	780	810	835	860	885	910	920	930	945	960	966	1,0
—	—	—	370	500	565	620	660	695	725	750	775	795	820	830	845	855	2,0
—	—	—	—	325	440	500	550	590	620	650	680	710	730	745	765	782	3,0
—	—	—	—	—	270	380	450	510	545	580	610	635	655	675	700	715	4,0

Dampfgeschwindigkeiten in m pro Sekunde

Tabelle II.

Eigenschaften gesättigter Wasserdämpfe, nach Zeuner.

Absoluter Druck in kg/qcm	Temperatur in ° C	Gewicht von 1 cbm Dampf in kg	Volumen von 1 kg Dampf in cbm	Absoluter Druck in kg/qcm	Temperatur in ° C	Gewicht von 1 cbm Dampf in kg	Volumen von 1 kg Dampf in cbm
0,05	33,0	0,0350	29,0	4,8	149,5	2,5659	0,389
0,1	45,6	0,0666	15,0	5,0	151,0	2,6665	0,374
0,2	59,8	0,1285	7,78	5,3	153,2	2,8159	0,354
0,3	68,7	0,1886	5,30	5,5	154,6	2,9161	0,342
0,4	75,6	0,2475	4,04	5,7	156,0	3,0154	0,331
0,5	80,9	0,3066	3,27	6,0	158,0	3,1643	0.315
0,6	85,5	0,3630	2,75	6,3	159,9	3,3120	0,301
0,7	89,5	0,4198	2,38	6,5	161,1	3,4103	0,292
0,8	93,0	0,4762	2,10	6,7	162,3	3,5084	0.284
0,9	96,2	0,5319	1,88	7,0	164.0	3,6559	0,273
1,0	99,1	0,5874	1,70	7,3	165,7	3,8033	0.262
1,1	101,8	0,6426	1,56	7,5	166,8	3,9012	0,255
1,2	104,2	0,6974	1,43	7,7	167,9	3,9979	0,249
1,3	106,6	0,7520	1,33	8,0	169,5	4,1437	0,240
1,4	108,7	0,8064	1,24	8,3	171,0	4,2894	0,232
1,5	110,8	0,8604	1,16	8,5	172,0	4,3872	0,227
1,6	112,7	0,9142	1,09	8,7	173,0	4,4836	0,222
1,7	114,5	0,9679	1,03	9,0	174,4	4,6289	0,215
1,8	116,3	1,0214	0,98	9,3	175,8	4,7725	0,209
1,9	118,0	1,0747	0,93	9,5	176,7	4,8701	0,204
2,0	119,6	1,1278	0,89	9,7	177,6	4,9644	0,200
2,2	122,6	1,2327	0,81	10,0	178,9	5,1089	0,195
2,4	125,4	1,3385	0,75	10,5	181,0	5,3494	0,186
2,5	126,7	1,3905	0,72	11,0	183,1	5,5885	0,178
2,6	128,0	1,4430	0,69	11,5	185,0	5,8262	0,171
2,8	130,5	1,5452	0,65	12,0	187,0	6,0629	0,164
3,0	132,8	1,6507	0,61	12,5	188,8	6,2996	0,158
3,2	135,0	1,7537	0,57	13,0	190,6	6,5342	0,152
3,4	137,1	1,8566	0,54	13,5	192,3	6,7732	0,147
3,5	138,1	1,9076	0,52	14,0	194,0	7,0057	0,142
3,6	139,1	1,9588	0,51	14,5	195,6	7,2442	0,137
3,8	141,0	2,0609	0,48	15,0	197,0	7,4771	0,133
4,0	142,8	2,1625	0,46	16,0	200,3	7,9428	0,125
4,2	144,6	2,2639	0,441	17,0	203,3	8,4175	0,118
4,4	146,3	2,3650	0,422	18,0	206,1	8,8652	0,112
4,5	147,1	2,4153	0,413	19,0	208,8	9,3284	0,106
4,6	147,9	2,4653	0,405	20,0	211,3	9.7943	0,101

FSC
www.fsc.org
MIX
Papier | Fördert gute Waldnutzung
FSC® C083411

Zeitfracht Medien GmbH
Ferdinand-Jühlke-Straße 7
99095 Erfurt, Deutschland
produktsicherheit@kolibri360.de